FORSCHUNGSBERICHTE
DES WIRTSCHAFTS- UND VERKEHRSMINISTERIUMS
NORDRHEIN-WESTFALEN

Herausgegeben von Staatssekretär Prof. Leo Brandt

Nr. 150

Prof. Dr.-Ing. O. Kienzle
Dipl.-Ing. Fr. W. Timmerbeil

Das Durchziehen enger Kragen an ebenen Fein- und Mittelblechen

im Auftrage
der Forschungsgesellschaft Blechverarbeitung, Düsseldorf

Als Manuskript gedruckt

WESTDEUTSCHER VERLAG / KÖLN UND OPLADEN

1955

ISBN 978-3-663-03349-3 ISBN 978-3-663-04538-0 (eBook)
DOI 10.1007/978-3-663-04538-0

Forschungsberichte des Wirtschafts- und Verkehrsministeriums Nordrhein-Westfalen

<u>G l i e d e r u n g</u>

I. Allgemeines . . . . S. 5

II. Anwendungsmöglichkeiten . . . . S. 7
    1. Gewindebefestigungen . . . . S. 7
    2. Einpressen von Bolzen (Preßpassungen) . . . . S. 7
    3. Vernieten von Bolzen und Rohren . . . . S. 7
    4. Lötbefestigung kleiner Rohre . . . . S. 7
    5. Kragen als Nietelement . . . . S. 7
    6. Kragen als Versteifungselement . . . . S. 9

III. Herstellverfahren . . . . S. 9
    1. Lochen und Durchziehen der Kragen in einem Arbeitsgang ohne Schneidmatrize . . . . S. 10
    2. Lochen und Durchziehen der Kragen in einem Arbeitsgang mit federnd gelagerter Schneidmatrize . . . . S. 10
    3. Lochen und Durchziehen der Kragen in 2 Arbeitsgängen . . S. 11

IV. Einflußgrößen beim Durchziehen von Kragen . . . . S. 11
    1. Einfluß der Form des Durchziehstempels . . . . S. 11
    2. Einfluß der Form des Durchziehringes . . . . S. 13
    3. Einfluß des Durchziehspaltes . . . . S. 13

V. Versuchsdurchführung . . . . S. 14

VI. Versuchsergebnisse . . . . S. 15

VII. Konstruktionsrichtlinien für die Werkzeuge zum Durchziehen von Kragen . . . . S. 20

VIII. Die zur Kraftübertragung günstigste Kragenform . . . . S. 25

IX. Die Ausreißkräfte bei optimaler Kragenform . . . . S. 33

X. Vergleich der gewonnenen Kragenabmessungen mit Normblatt DIN 7952 (Blechdurchzüge mit Gewinde) . . . . S. 36

XI. Literaturverzeichnis . . . . S. 39

I. Allgemeines

Das Durchziehen von Kragen, auch Tütenziehen, Stechen, Anhalsen oder Einbördeln genannt, hat den Zweck, aus der Ebene des Bleches herauszukommen, um in den entstandenen Kragen Gewinde einschneiden, Bolzen einpressen, dünne Rohre anlöten oder anschweißen oder diese Kragen als Hohlniet verwenden zu können. Durch die Bildung des Kragens wird der Werkstoff an der umgeformten Stelle verfestigt; außerdem ist ein Blech mit Kragen zufolge Erhöhung des Widerstandsmomentes steifer als das ebene Blech.

Kragen, deren Innendurchmesser bis zu etwa dem 3- bis 4-fachen der Blechdicke geht, werden <u>enge</u> Kragen genannt im Unterschied zu <u>weiten</u> Kragen, die große Durchmesser aufweisen und hauptsächlich für größere Rohranschlüsse in Betracht kommen. Weite Kragen können überdies für beliebig große Blechdicken angewandt und je nach Werkstoff und Blechdicke durch Kaltumformung oder durch Warmumformung hergestellt werden.

Dieser Bericht beschränkt sich auf <u>enge</u> Kragen.

Das Verfahren des "Kragenziehens", wie es abgekürzt genannt werden kann, ist grundsätzlich ein anderes als das Tiefziehen, da das Blech nicht über eine Kante von außen hereingezogen, sondern stark aufgeweitet wird. Der Lochrand unterliegt also einer starken Zugdehnung. Abbildung 1, die das Blech vor dem Umformen und nach der Bildung des Kragens zeigt, gibt hierüber Aufschluß. Der Punkt A_o am Lochrand des Vorlochdurchmessers verschiebt sich durch die Aufweitung des Bleches nach A_1; B_o nach B_1. Die Größe dieser Aufweitung kann durch das Aufweitverhältnis d_2/d_1, Durchmesser des Durchziehstempels zum Vorlochdurchmesser, angegeben werden. Die größte Werkstoffbeanspruchung ist damit zwar nicht erfaßt, da die größte Aufweitung der Punkt B erfährt; jedoch ist der Unterschied gering und es läßt sich mit dem Durchmesser d_2 einfacher rechnen.

Der Kragenaußenrand bildet sich je nach Größe des Durchziehspaltes meist kegelig aus (d_4 nach d_3, Abb. 1). Durch Wahl eines entsprechend kleinen Durchziehspaltes kann der Werkstoff jedoch auch so abgestreckt werden, daß ein zylindrischer Außenrand entsteht, wobei gleichzeitig dann der Kragen dünner aber höher wird. A_o und B_o verschieben sich nach $A_2 B_2$.

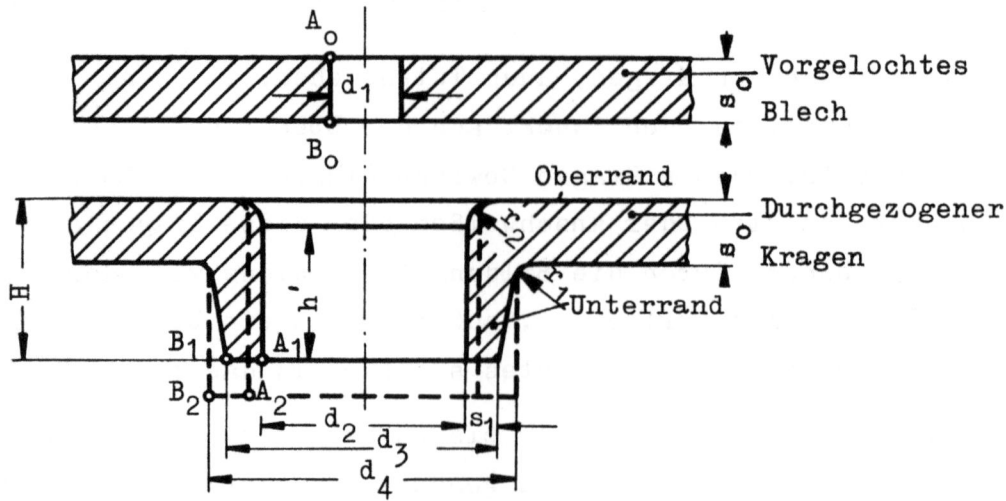

Abbildung 1

Bezeichnungen am Werkstück

d_1 = Vorlochdurchmesser
d_2 = Durchmesser des Krageninnenrandes
d_3 = Durchmesser des Kragenunterrandes
d_4 = Durchmesser des Kragenunterrandes
s_o = ursprüngliche Blechdicke

s_1 = Blechdicke am Kragenrand
r_1 = Ansatzhalbmesser
r_2 = Einzugshalbmesser
H = gesamte Kragenhöhe
h' = innere Kragenh., Lochleibungshöhe

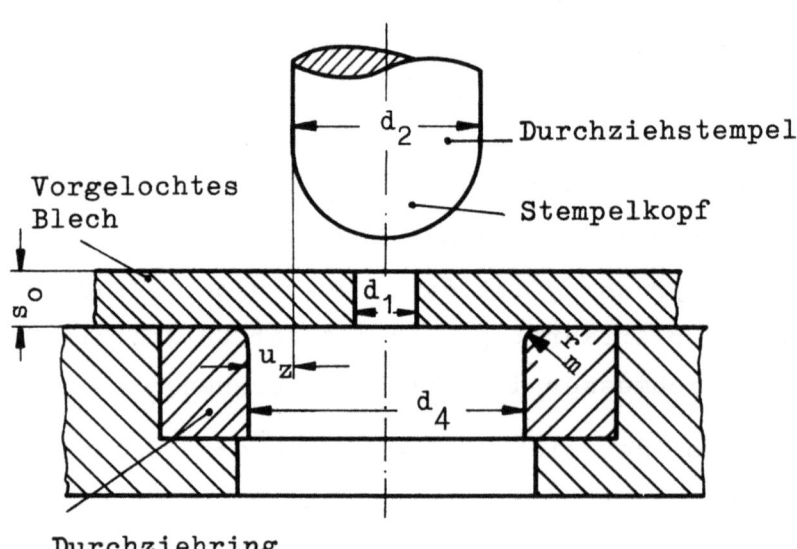

Abbildung 2

Bezeichnungen am Werkzeug

d_1 = Vorlochdurchmesser des Bleches
d_2 = Durchmesser des Durchziehstempels
r_m = Einlaufhalbmesser des Durchziehringes
d_4 = Durchmesser des Durchziehringes
u_z = Durchziehspalt

Forschungsberichte des Wirtschafts- und Verkehrsministeriums Nordrhein-Westfalen

II. Anwendungsmöglichkeiten

Wie schon im Absatz "Allgemeines" gesagt, können durchgezogene Kragen für verschiedene Zwecke verwendet werden. Hier sollen einige Möglichkeiten aufgezeigt werden.

1. Gewindebefestigungen

Diese mit Gewinde versehen Kragen werden verwendet, wo ein Muttergewinde im Blech zu kurz wäre, wo sich aus konstruktiven Gründen keine Schraubenmutter verwenden läßt und wo die Festigkeit der Schraubenverbindung der Festigkeit oder Steifigkeit des umgebenden Bleches entspricht. Die Annahme, daß diese Verbindung nur bei geringen Ansprüchen an die Festigkeit des Gewindes in Betracht komme, ist überholt. Z.B. kann man in Stahlblech von 2,5 mm Dicke mit Gewinde von M 8 x 0,75 eine Ausreißfestigkeit von 1600 kg in Achsenrichtung erreichen, das sind 65 % der Scherfestigkeit am äußeren Rand des Kragens (AB, A'B' in Abb. 3).

Die erwähnte Verbindungsart findet sich häufig bei elektrischen Geräten (Steckern, Schaltern usw.), wo zwischen Schraubenkopf und Kragen die Lötöse des Drahtes befestigt wird. Aber auch für ziemlich stark beanspruchte Verbindungen kann man diese Verbindungsart benutzen.

2. Einpressen von Bolzen (Preßpassungen) (Abb. 4)

Bei der Form Abbildung 4b kann der Bolzen als Durchziehstempel wirken. Es werden also der Kragen und die Preßpassung zugleich hergestellt. Im Falle c ist es empfehlenswert, gleichzeitig mit dem Einpressen des Bolzens die Kragen in Achsenrichtung zusammenzudrücken. Diese Verbindung kann auch in der Form von Abbildung 7 in Betracht kommen.

3. Vernieten von Bolzen und Rohren

Bolzen, auch in der Form gebogener Handgriffe, können mit Ansatz (Abb. 5a) oder mit Sprengring (Abb. 5b) versehen werden. Zu vernietende Rohre können einen gesickten Rand erhalten.

4. Lötbefestigung kleiner Rohre

5. Kragen als Nietelement

Ein gelochtes Blech wird über den langausgezogenen Kragen gelegt (Abb. 7a) und danach wird der untere Teil des Kragens mittels eines Aufweitwerkzeuges nach außen gebogen (Abb. 7b), so entsteht eine Blechverbindung ähnlich einer Verbindung mit Hohlnieten.

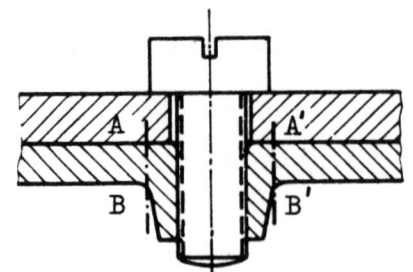

Abbildung 3
Kragen mit Gewinde

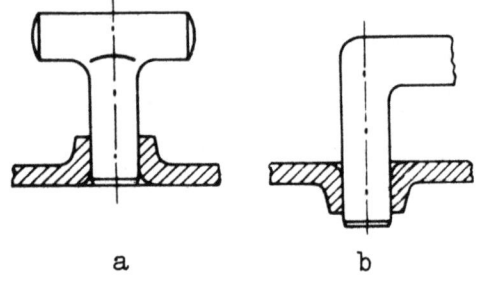

Abbildung 4 a und b
Eingepreßte Formteile (Handgriff,
Anschlagstift oder ähnliches)

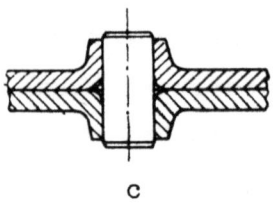

Abbildung c
Verbinden von zwei Blechen
mittels eingepreßtem Bolzen

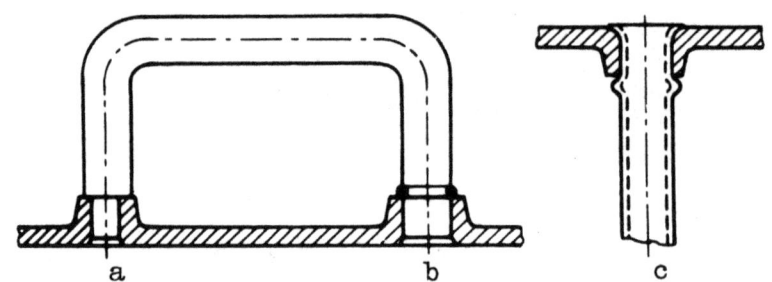

Abbildung 5 a bis c
Vernietete Bolzen und Rohre

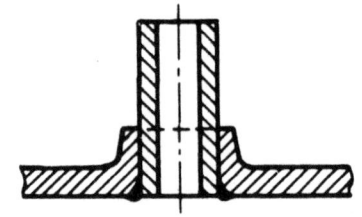

Abbildung 6 a
Leicht eingepreßtes Rohr, mittels
Lötnaht an der Einlaufkante des
Kragens befestigt

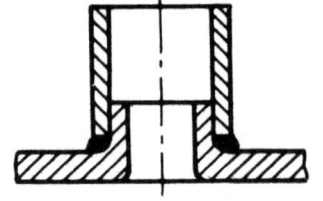

Abbildung 6 b
Rohr über den Kragen gepreßt und
mittels Lötnaht am Außenmantel des
Kragens befestigt

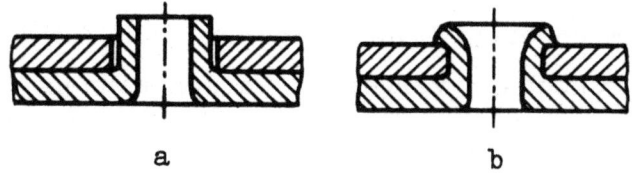

Abbildung 7

Blechverbindung mit aufgeweitetem Kragen

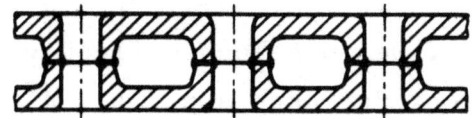

Abbildung 8

Versteifung durch verschweißte Kragen

6. Kragen als Versteifungselement

Zwei Bleche mit durchgezogenen Kragen werden am Kragenunterrand mittels Widerstandsschweißung verbunden; dies ähnelt der Warzenschweißung (Abb. 8) und kommt in Betracht, wenn die Öffnungen erlaubt oder gar erwünscht sind.

Die unter II. 1 bis II. 6 aufgeführten Beispiele zeigen, daß es eine Menge verschiedener Anwendungsmöglichkeiten für Blechkragen gibt.

III. Herstellverfahren

Im folgenden werden die verschiedenen Herstellverfahren für enge Kragen und die mit ihnen erreichbaren Kragenhöhen angegeben. Bisher wurde vielfach der Ziehspalt etwa gleich der Blechdicke gewählt; dabei erhält man Kragen mit verhältnismäßig großen Wanddicken, die indes wegen der Umfangsstreckung nach dem Kragenrand zu abnehmen. Diese Kragen sind verhältnismäßig niedrig.

Günstiger ist es, die Kragen von Anfang an abzustrecken. Man hat dann durchweg etwa die Wanddicke, die beim nicht abgestreckten Kragen als kleinste auftritt, gewinnt aber an Höhe und damit an der Anzahl von Gewindegängen.

Die angeführten Tafeln dienen dem Konstrukteur, der daraus die Kragenabmessungen und ihre Zuordnungen zu den verschiedenen Gewinden entnehmen kann. Man ersieht daraus, daß die "engen" Kragen nicht nur für feinmechanischen Gewinde im engeren Sinne, sondern auch für kräftige Gewindebolzen bis zu 14 mm Durchmesser verwendet werden können.

In Bezug auf die Herstellung der engen abgestreckten Kragen unterscheidet man 3 Verfahren:

1. **Lochen und Durchziehen der Kragen in einem Arbeitsgang ohne Schneidmatrize**

a) Der Durchziehstempel läuft in einen spitzen Kegel mit einem Winkel von 55 bis 60° aus (Abb. 9a). Das ungelochte Blech wird aufgerissen, und es bildet sich ein Kragen, der dann aus 3 bis 4 spitzen Lappen besteht. Dieses Verfahren wird nur dort angewendet, wo kein Wert auf das Aussehen des Kragens gelegt wird und wo für das Beispiel einer Schraubverbindung keine besonderen Ansprüche an die Festigkeit gestellt werden.

b) Der Durchziehstempel hat einen Lochstempelansatz (Abb. 9b). Da jedoch die Schneidmatrize fehlt, bildet sich an der Schneidkante des Bleches ein starker Grat, der sich bei Bildung des Kragens in mehr oder weniger starke Zipfel auszieht. Damit der ausgestanzte Butzen nicht am Durchziehstempel hängen bleibt, erhält der Lochstempelansatz einen dachförmigen Anschliff.

2. **Lochen und Durchziehen der Kragen in einem Arbeitsgang mit federnd gelagerter Schneidmatrize (Abb. 10)**

Hier ist in die Öffnung des Durchziehringes eine federnde Schneidmatrize eingelagert. Bei genügend großer Gegenkraft der Federn (Schrauben- oder Tellerfedern) gegen die Schneidmatrize erhält man eine saubere Schnitt-

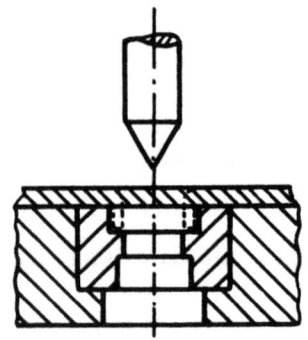

A b b i l d u n g 9 a
Durchziehstempel
mit kegeligem Ende

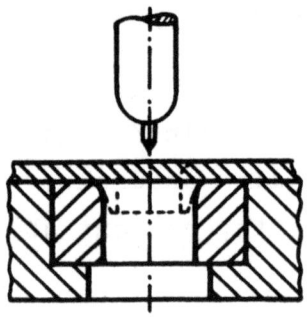

A b b i l d u n g 9 b
Durchziehstempel
mit Lochstempelansatz

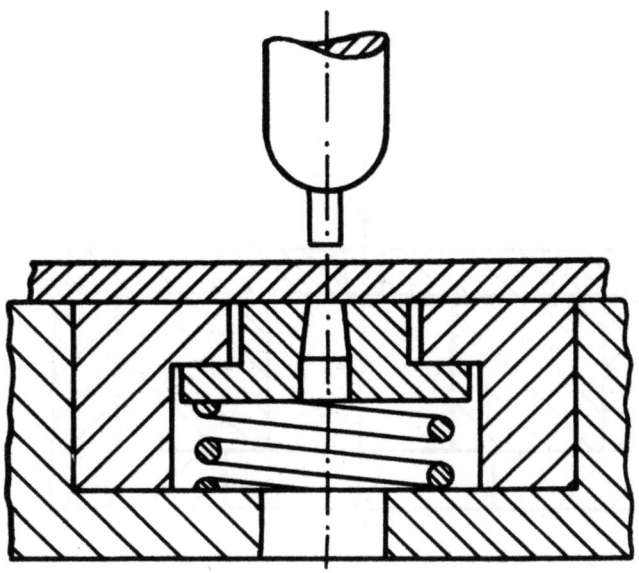

Abbildung 10
Federnd gelagerte Schneidmatrize

kante. Dadurch ergibt sich beim Durchziehen der Kragen ein sauberer Kragenunterrand. Der Vorteil dieses Verfahrens ist die Herstellung der Kragen in einem Arbeitsgang. Nachteilig sind nur die etwas höheren Werkzeugkosten.

3. Lochen und Durchziehen der Kragen in 2 Arbeitsgängen

Bei diesem Verfahren wird das Blech zuerst mit einem üblichen Lochwerkzeug gelocht und anschließend wird in einem zweiten Arbeitsgang der Kragen durchgezogen (Abb. 11). Nach diesem Verfahren erzielt man die saubersten Kragen. Nachteilig in Bezug auf Wirtschaftlichkeit sind die zwei Arbeitsgänge, jedoch läßt sich dies bei großen Stückzahlen oft durch ein Folgewerkzeug ausgleichen.

IV. Einflußgrößen beim Durchziehen von Kragen

1. Einfluß der Form des Durchziehstempels

Die Untersuchungen von OEHLER[1] haben gezeigt, daß die Gestaltung des Durchziehstempels einen wesentlichen Einfluß auf die Form des Kragenrandes und auch auf die Höhe des Kragens hat. Aus diesem Grunde wurde mit 2 verschiedenen Stempelformen gearbeitet (siehe Abb. 12a und b):

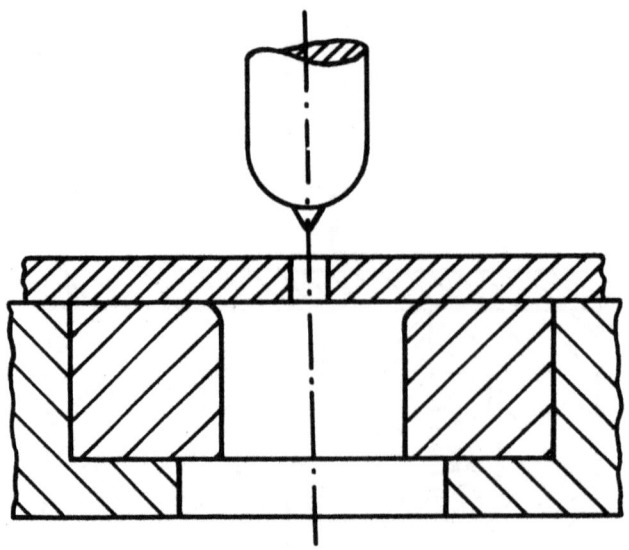

Abbildung 11
Kragendurchziehen in vorgelochtem Blech

Stempelform A:

Das Stempelende wird durch eine Halbkugel gebildet, die eine Zentrierspitze mit einem Kegelwinkel von 60° trägt.

Stempelform B:

Stempel mit einer Kegelspitze von 30° ohne Übergangshalbmesser in den Stempelschaft auslaufend.

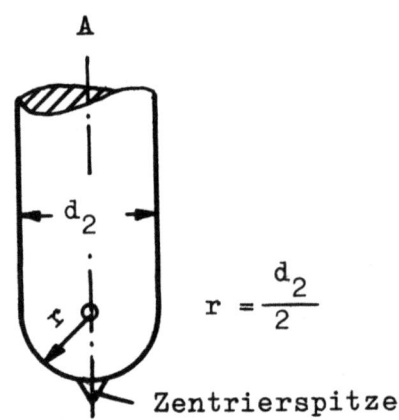

Abbildung 12 a
Halbkugeliges Stempelende
mit Zentrierspitze

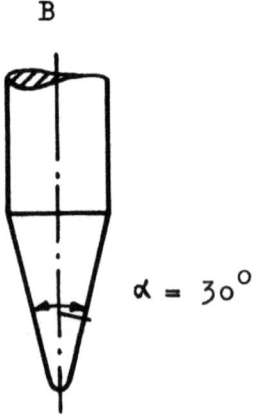

Abbildung 12 b
Kegeliges Stempelende

Folgende Stempel standen zur Versuchsdurchführung zur Verfügung:

Stempeldurchmesser 4,o; 6,8; 7,3; 11,8; 12,6 mm jeweils in beiden Formen A und B.

2. Einfluß der Form des Durchziehringes

Die Größe des Einlaufhalbmessers am Durchziehring hat einen wesentlichen Einfluß auf die Gestalt der Kragen, insbesondere auf die Gesamtkragenhöhe und auf die innere Kragenhöhe (Lochleibungshöhe). Aus diesem Grunde wurde auch hier mit 2 verschiedenen Durchziehringen gearbeitet, die sich in der Größe ihres Einlaufhalbmessers weitgehend unterscheiden (Abb. 13):

Form I:

Einlaufhalbmesser des Durchziehringes o,2 x Ziehringdurchmesser d_4.

Form II:

Einlaufhalbmesser des Durchziehringes r = 0. Kante leicht gebrochen, Unterseite des gleichen Durchziehringes.

Oberseite: Form I

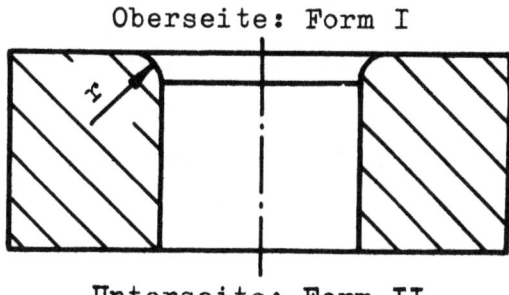

Unterseite: Form II

Abbildung 13
Formen des Durchziehrings

Zu den Untersuchungen standen 16 Durchziehringe mit verschiedenen Durchmessern zur Verfügung.

3. Einfluß des Durchziehspaltes

Der Durchziehspalt u_z und insbesondere sein Verhältnis zur Blechdicke u_z/s_o haben einen wesentlichen Einfluß auf die Höhe des Kragens. Je kleiner dieses Verhältnis wird, umso höher wird der Kragen infolge der Abstreckung des Werkstoffes.

Forschungsberichte des Wirtschafts- und Verkehrsministeriums Nordrhein-Westfalen

V. Versuchsdurchführung

Das Durchziehen der Kragen erfolgte nach dem unter III. 3 angegebenen Verfahren (Lochen und Durchziehen der Kragen in 2 Arbeitsgängen). Bei den Versuchen wurden folgende Größen verändert:

>Werkstoff,
>Blechdicke s_o,
>Vorlochdurchmesser d_1,
>Stempeldurchmesser d_2,
>Matrizendurchmesser d_4,
>Durchziehspalt u_z.

Als Werkstoffe wurden Stahl St III 23 und St VIII 23, Aluminium 99,5 weich und hart, Pantal, Ms 63 weich und hart, Feinzink 99,9, sowie raffiniertes Hüttenzink weich und hart untersucht.

Um die aufgeführten Werkzeuggrößen leicht verändern zu können, war das Durchziehwerkzeug so gebaut, daß Durchziehstempel und Durchziehring leicht ausgewechselt werden konnten.

Alle Versuche mit den Durchziehstempeln 6,8; 7,3; 11,8 und 12,6 mm Durchmesser wurden unter einer Schuler-50 t-Kurbelpresse bzw. einer Berrenberg-5 t-Stirnkurbelpresse durchgeführt. Die Versuche mit den Durchziehstempeln von 4 mm Durchmesser wurden auf dem Kraft-Weg-Registriergerät nach OEHLER vorgenommen. Das ganze Werkzeug war zwecks einwandfreier Führung in ein Säulengestell eingebaut, wobei um den Durchziehstempel ein federnder Abstreifer angeordnet war. Als Werkstücke wurden Ronden mit 39,8 mm Dmr. verwendet, bei denen das Vorloch d_1 behelfsmäßig auf einer Drehbank mit einem Zentrierbohrer gebohrt und die Kanten mit einem Abstechstahl bzw. einem Handschaber entgratet wurden.

Gemessen wurden:
>die Gesamtkragenhöhe H,
>die innere Kragenhöhe h' (Lochleibungshöhe),
>der Außendurchmesser am unteren Kragenrand d_3.

Weiterhin wurden vermerkt:
>Oberrand stark, wenig oder nicht eingezogen,
>Unterrand stark, wenig oder nicht eingerissen,
>Kragen schief einseitig ausgebildet,
>Winkelbildung am Unterrand.

Forschungsberichte des Wirtschafts- und Verkehrsministeriums Nordrhein-Westfalen

Die Versuche wurden mit üblicher Schmierung durchgeführt, d.h. das Werkzeug wurde jeweils nach 4 bis 5 Arbeitshüben mit Maschinenöl geschmiert. Dies dürfte der Arbeit in der Praxis ziemlich nahe kommen.

Es wurden insgesamt 3767 Proben untersucht, davon aus

Stahlblech	2116
Al 99,5 w	456
Al 99,5 h	98
Pantal 17 hart	126
Ms 63 weich	386
Ms 63 hart	180
Zn 99,9	180
raff. Hüttenzink weich	180
raff. Hüttenzink hart	45

Jede Probe wurde zweimal unter den gleichen Bedingungen hergestellt und aus den gemessenen Größen der Mittelwert eingesetzt. Diese Großzahl an Proben erwies sich wegen der vielen Veränderlichen als notwendig.

VI. Versuchsergebnisse

Die Versuchsergebnisse sind in den beiliegenden Konstruktionsblättern für abgestreckte enge Kragen festgehalten. Grundsätzlich wurde folgendes gefunden:

Die Gesamthöhe H und die innere Kragenhöhe (Lochleibungshöhe) h' hängen einerseits vom Ziehspalt-Blechdicken-Verhältnis ab und anderseits von dem Aufweitverhältnis d_2/d_1. Theoretisch, d.h. wenn die Kragen zylindrisch und ohne Rundung angesetzt wären, könnte nach dem Gesetz von der Volumenkonstanz folgende Gleichung für das umgeformte Volumen aufgestellt werden (vergl. Abb. 14a):

vor der Umformung: nach der Umformung:
$$s_o \cdot (d_4^2 - d_1^2) = H_{th} \cdot (d_4^2 - d_2^2)$$

Hieraus ergibt sich eine theoretische Kragenhöhe von

$$H_{th} = s_o \frac{d_4^2 - d_1^2}{d_4^2 - d_2^2}$$

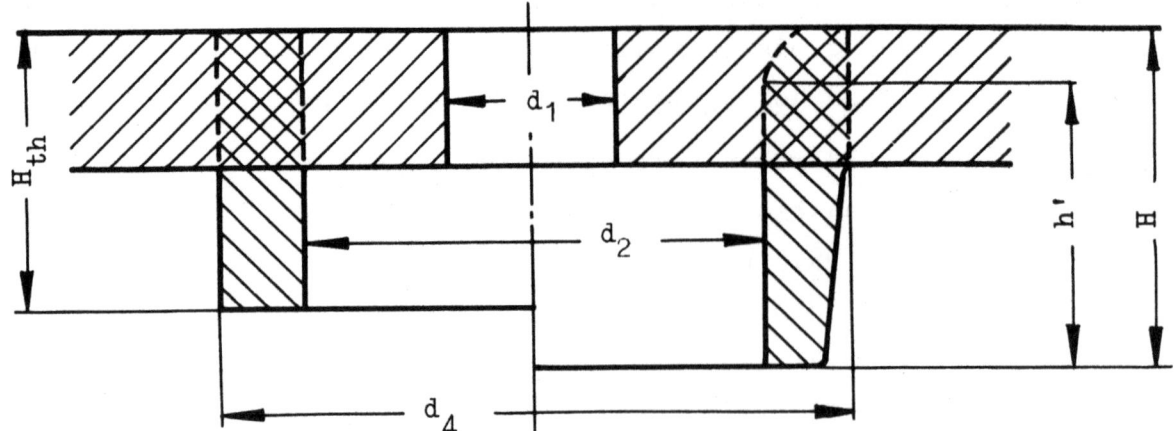

Abbildung 14a
Theoretische Kragenhöhe
(abgestreckte Kragen)

Abbildung 14b
Praktische Kragenhöhe
(abgestreckte Kragen)

Infolge der geometrischen Abweichungen von der theoretischen Kragenform durch die Einrundung an der Oberseite und die kegelige Form des Kragens (vergl. Abb. 14b), die ihrerseits von dem Aufweitverhältnis d_2/d_1 abhängen, erreicht man bei den üblichen Ziehspalt-Blechdickenverhältnissen eine größere Kragenhöhe. Rechnerisch wird den Abweichungen durch Einsetzen des Korrekturfaktors c Rechnung getragen. Mit diesem Korrekturfaktor c ist jeweils die theoretisch berechnete Höhe zu vervielfachen, so daß sich ergibt:

$$H = c \cdot s_o \frac{d_4^2 - d_1^2}{d_4^2 - d_2^2}$$

Der Faktor c ist in Abbildung 15 in Abhängigkeit vom Ziehspalt-Blechdickenverhältnis u_z/s_o für die verschiedenen Aufweitverhältnisse d_2/d_1 (Stempeldurchmesser : Vorlochdurchmesser) dargestellt. Da die größtmögliche Werkstoffbeanspruchung beim Durchziehen von Kragen in der Hauptsache von dem Verhältnis von Stempeldurchmesser d_2 zu Vorlochdurchmesser d_1 abhängig ist, wurde untersucht, wie sich die einzelnen Werkstoffe bei verschiedenen Werten d_2/d_1 verhalten.

Das Ergebnis der Untersuchungen geht aus Tabelle 1 hervor. In den letzten drei Spalten sind die Durchmesserverhältnisse $\frac{d_2}{d_1}$ angegeben, bei denen die Kragen reißen oder nur leicht einreißen oder aber ohne Risse, d.h. glatt bleiben. Man soll sich daher in der Praxis an die Werte der letzten Spalte

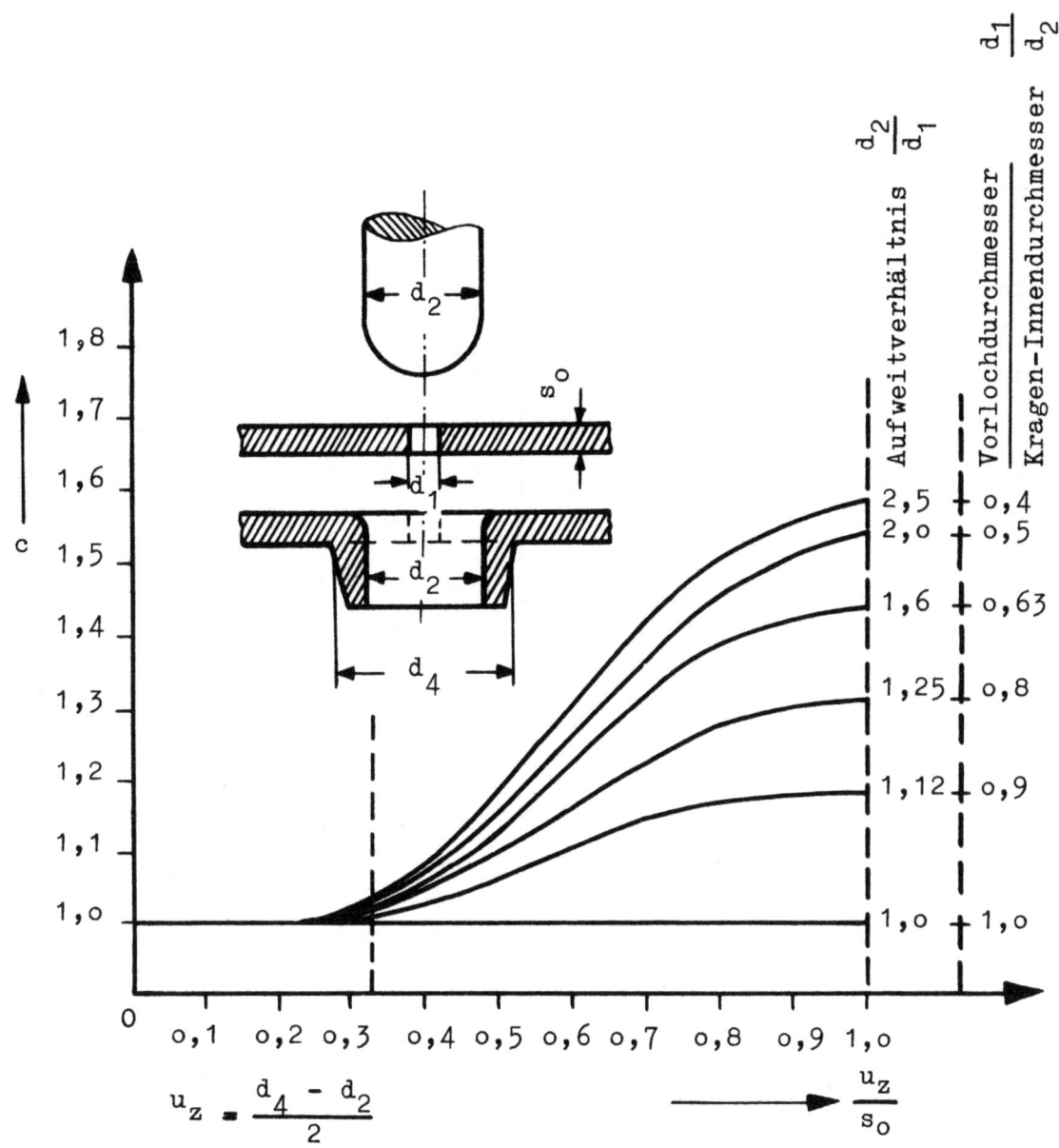

Abbildung 15

Der Korrekturfaktor c zur Ermittlung der Gesamtkragenhöhe H in Abhängigkeit vom Verhältnis Durchziehspalt zu Blechdicke bei verschiedenen Aufweitverhältnissen d_2/d_1

halten. Dieses Verhalten versteht man leicht, wenn man daran denkt, daß der Wert $\frac{d_2}{d_1}$ der Vergrößerung des Innendurchmessers des Unterrandes entspricht, d.h. dieser Innendurchmesser kann z.B. bei St VIII bis auf das 2,5-fache gedehnt werden, ohne einzureißen. Die vorstehenden Zahlen haben sich in dem Bereich der Stempeldurchmesser d_2 von 4 bis 12 mm und einem u_z/s_o von 0,33 bis 1,0 bei Blechdicken von 1 bis 4 mm ergeben.

Tabelle 1

Einfluß des Aufweitverhältnisses $\dfrac{d_2 \text{ (Stempeldurchmesser)}}{d_1 \text{ (Vorlochdurchmesser)}}$

Werkstoff	Güte der Oberfläche	Durchmesserverhältnis d_2/d_1		
		Reißen der Kragen	Leichte Rißbildung	glatt
St VIII	saubere Oberfläche	> 4,0	3,9 - 2,6	≤ 2,5
St III	leicht verzundert	> 3,8	3,7 - 2,5	≤ 2,4
Ms 63 w		> 4,0	3,9 - 2,4	≤ 2,3
Al 99,5 w		> 6,0	5,9 - 3,5	≤ 3,4
Al 99,5 h		> 3,5	3,4 - 2,4	≤ 2,3
Pantal		> 3,0	2,9 - 2,0	≤ 1,9
Zn 99,5 (Feinzink)		> 3,5	3,4 - 2,5	≤ 2,4
Zn 99,0 (Raff. Hüttenzink weich) [1]		> 3,0	2,9 - 2,0	≤ 1,9

[1] Raff. Hüttenzink hart ergab stets Risse und ist daher zum Kragenziehen ungeeignet

In Bezug auf den Einfluß des Einlaufhalbmessers am Durchziehring hat sich gezeigt, daß ein Halbmesser = 0,2 x d_4 zu groß ist; für die Praxis wird vorgeschlagen, einen Einlaufhalbmesser = 0,05 .. 0,1 x d_4 zu nehmen.

Nach diesen Ergebnissen sind die Konstruktionsblätter für angestreckte enge Kragen Tabelle 3 und Tabelle 4 mit dem Leitblatt Tabelle 2 aufgestellt. Dieses letztere enthält außer der Zahlentafel für das Aufweitverhältnis und der Berechnungsgrundlage für die Kragenhöhe noch die Gewindeabmessungen und dient als Grundlage für die eigentlichen Konstruktionsblätter. Die Zahlentafeln sind für Grobgewinde M 5 und M 8 sowie für Feingewinde M 8 x 0,75 und M 14 x 1,5 durch Versuche überprüft. Für die anderen Gewinde wurden die Größen errechnet.

Die Konstruktionsblätter Tabelle 3 und Tabelle 4 für die verschiedenen Gewindeabmessungen wurden nach folgenden Gesichtspunkten aufgestellt:

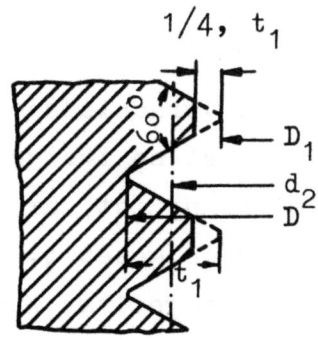

Abbildung 16
Bei durchgezogenem Kragen erzielte
Gewindedurchmesser

a) Der innere Durchmesser des Kragens und damit auch der Durchmesser des Durchziehstempels d_2 wurde in Übereinstimmung mit DIN 336 (Lochstempeldurchmesser für Gewindekernlöcher für metrische Gewinde) gewählt. Die Lochstempeldurchmesser nach dem angeführten Normblatt liegen an der oberen Grenze des Toleranzbereiches für die Gewinde-Innendurchmesser. Damit weichen sie vom theoretischen Gewindedurchmesser um soviel ab, daß etwa 1/4 der Gewindetiefe fortfällt (Abb. 16). Das ist ohne weiteres zulässig, da beim Gewindeschneiden durch Einquetschen des Materials zum Teil ein Ausgleich erfolgt und es andererseits eine bekannte Tatsache ist, daß man z.B. bei Bolzen aus St 38 und Muttern aus Warmpreßmuttereisen mit der Überdeckung des Gewindes bis auf 50 % der theoretischen heruntergehen kann, ohne daß das Muttergewinde zerstört wird, wenn der Bolzen in seinem Kern reißt.

b) Der Ziehringdurchmesser wurde für die verschiedenen Blechdicken und Vorlochdurchmesser so bemessen, daß sich dabei eine Kragenform bildet, bei der die Festigkeit des Gewindes im eigentlichen Kragen gleich der Zugfestigkeit des Kragenquerschnittes an der Unterseite des Bleches ist. Der auf diese Weise entstandene Kragen ergibt damit die für das jeweilige Gewinde größtmögliche Gewindeausreißfestigkeit bei Beanspruchung in Zugrichtung. Wird der Kragen umgekehrt beansprucht, dann gewinnt er sogar noch an Festigkeit.

c) Der Vorlochdurchmesser d_1 wurde so gewählt, daß er einerseits aus stanztechnischen Gründen jeweils größer als die Blechdicke ist und andererseits dabei das in der Zahlentafel 1 angegebene Aufweitverhältnis d_2/d_1 nicht überschritten wird.

d) Die untere Grenze des für die verschiedenen Gewindeabmessungen angegebenen Blechdickenbereiches ist so festgelegt, daß dabei die Dicke der Kragenwandung noch groß genug ist, um ein Gewinde aufnehmen zu können. Die obere Grenze wird da gesetzt, wo sich bei größeren Blechdicken nur eine verhältnismäßig geringe Zunahme an tragenden Gewindegängen gegenüber den im ebenen Blech ergäbe. Man vergleiche die Anzahl der Gewindegänge im ebenen Blech (Werte z_B) und die Anzahl der Gewindegänge im Kragen (Werte z_K), die wegen der Wichtigkeit dieses Punktes in den Konstruktionsblättern besonders angegeben sind. Die Grenze ist so gewählt, daß dabei jeweils noch z_K 1,5 · z_B ist, d.h. daß durch den Kragen mindestens die 1,5-fache Anzahl von Gewindegängen im Vergleich zum ebenen Blech erzielt wird.

e) Bei der Berechnung der Anzahl der Gewindegänge im Kragen (z_K) wurde die Einrundung an der Oberseite, in der die Gewindegänge nicht voll ausgebildet sind, entsprechend berücksichtigt.

Die Konstruktionsblätter für diese abgestreckten engen Kragen sind für die Werkstoffe St III und St VIII aufgestellt und umfassen nicht nur den Bereich der Feinbleche, sondern auch den der Mittelbleche. Für andere Werkstoffe, wie z.B. Ms, Al, Zn usw., sind die Werte mit den in der Fußnote angegebenen Faktoren umzurechnen. So ist z.B. für Al 99,5 hart der Vorlochdurchmesser $d_1 = 1,2 \times d_{1\,Stahl}$ zu setzen, wobei sich eine um 4 bis 10 % kleinere Kragenhöhe ergibt. Danach ergibt sich (Tab. 3) für ein 2,5 mm dickes Blech aus Al 99,5 hart und Gewinde M 8 ein Vorlochdurchmesser von 2,7 x 1,2 = 3,2 mm und eine Kragenhöhe von etwa 5,6-0,3 = 5,3 mm.

VII. Konstruktionsrichtlinien für die Werkzeuge zum Durchziehen von Kragen

Es wurden Herstellverfahren, Einflußgrößen sowie die erzielbaren Kragenformen beschrieben. Die dazu aufgestellten Konstruktionsrichtlinien für die Kragenformen waren für metrisches Gewinde und metrisches Feingewinde ausgelegt, da Kragen als Verbindungselemente am meisten für Schraubverbindungen angewendet werden. Die Kragen wurden so bemessen, daß die von

Tabelle 2
Durchziehen und Abstrecken von Kragen
(Benennungen, zulässige Aufweitverhältnisse, Kragenhöhe, Gewindemaße)

KRAGEN FÜR GEWINDE (metrisches Gewinde M 2 – M 10)
(metrisches Feingewinde M 5 x 0,5 – M 14 x 1,5)   hierzu: Tabelle 3 und 4

1. Benennungen

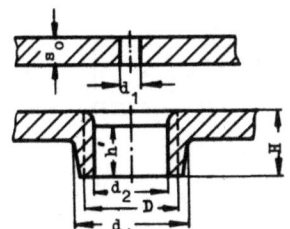

D = Gewindedurchmesser
D_1 = Kerndurchmesser
d_1 = Vorlochdurchmesser
d_2 = innerer Kragendurchmesser
  = Stempeldurchmesser
d_4 = Kragendurchmesser an der Hohlkehle
  = Matrizendurchmesser
s_o = Blechdicke
H = Gesamthöhe
h' = Lochleibungshöhe

2. Grenzen für das Aufweitverhältnis (Rißfreiheit)

Maßgebend für die rißfreie Umformung des ebenen Bleches zum Kragen ist das Verhältnis d_2/d_1
(ermittelt für Stempeldurchmesser d_2 von 4–12 mm, bei einem Verhältnis Ziehspalt zur Blechdicke von 0,33–1,0 und Blechdicken 1–4,5 mm)

Beispiel: d_2 = 11,8 d_1 = 3,6 v = 3,28
Al 99,5 w   Kragen ohne Riß
St VIII 23   Kragen leicht gerissen
Pantal   Kragen eingerissen

Werkstoff	zulässiges Verhältnis d_2/d_1	
	Kragen ohne Risse	Leichte Rißbildung
St VIII 23	< 2,5	< 3,9
St III 23	< 2,4	< 3,7
Ms 63 w	< 2,3	< 3,9
Al 99,5 w	< 3,4	< 5,9
Al 99,5 h	< 2,3	< 3,4
Pantal h	< 1,9	< 2,9
Zn 99,9 (Feinzink)	< 2,4	< 3,4
Zn 99,0 w (Raff.Hüttenzink)	< 1,9	< 2,9

3. Überschlägige Berechnung der Kragenhöhe für Stahlblech

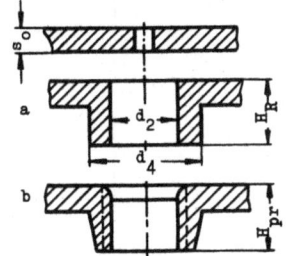

a Der Rechnung zugrunde liegende Form
b technische Form

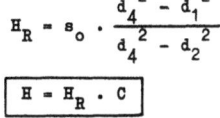

$$H_R = s_o \cdot \frac{d_4^2 - d_1^2}{d_4^2 - d_2^2}$$

$$\boxed{H = H_R \cdot C}$$

Ziehspalt $u_z = \dfrac{d_4 - d_2}{2}$

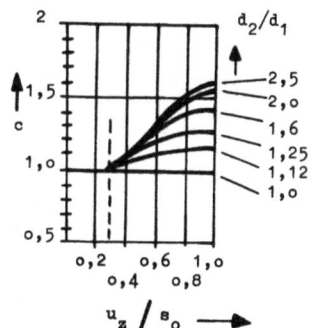

4. Gewindeabmessungen

(D = Außendurchmesser, Muttergewinde, D_1 üblicher Innendurchmesser des Muttergewindes, d_2 innerer Kragendurchmesser, h Gewindesteigung)

metrisches Gewinde

	M 2	M 2,3	M 2,6	M 3	M 3,5	M 4	M 5	M 6	M 8	M 10
D	2,036	2,336	2,642	3,044	3,554	4,062	5,072	6,090	8,112	10,136
D_1	1,480	1,780	2,016	2,350	2,720	3,090	3,960	4,700	6,376	8,052
$d_2 > D_1$	1,65	1,95	2,2	2,5	2,95	3,4	4,3	5,1	6,8	8,6
h	0,4	0,4	0,45	0,5	0,6	0,7	0,8	1,0	1,25	1,5

siehe Tabelle 3

metrisches Feingewinde 3

	M 5	M 6	M 8	M 10	M 12	M 14
D	5,044	6,068	8,068	10,090	12,136	14,136
D_1	4,350	5,026	7,026	8,760	10,052	12,052
$d_2 > D_1$	4,5	5,3	7,25	9,0	10,6	12,6
h	0,5	0,75	0,75	1	1,5	1,5

siehe Tabelle 4

Forschungsberichte des Wirtschafts- und Verkehrsministeriums Nordrhein-Westfalen

Tabelle 3

Durchzogene abgestreckte Kragen für metrische Gewinde

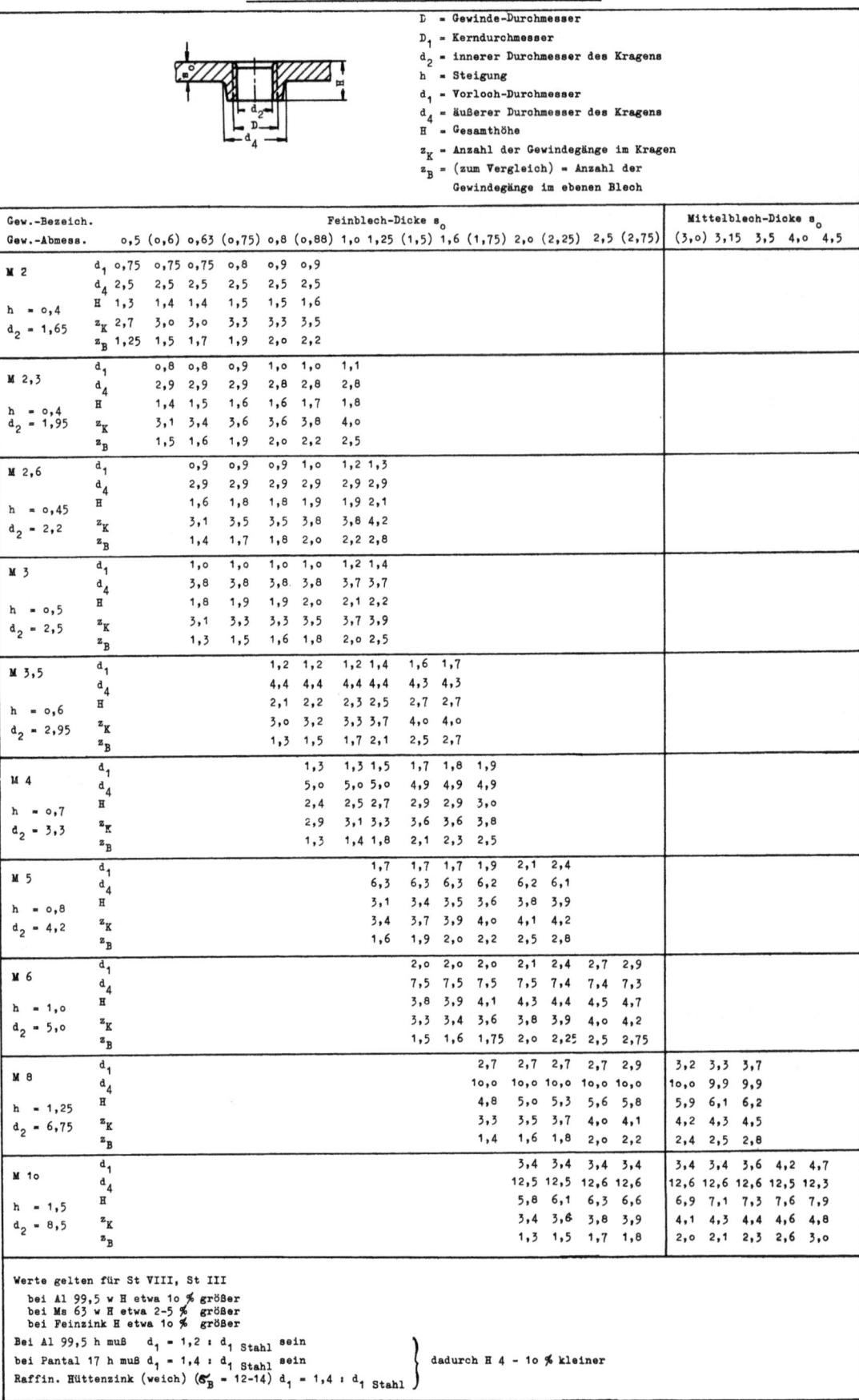

D = Gewinde-Durchmesser
D_1 = Kerndurchmesser
d_2 = innerer Durchmesser des Kragens
h = Steigung
d_1 = Vorloch-Durchmesser
d_4 = äußerer Durchmesser des Kragens
H = Gesamthöhe
z_K = Anzahl der Gewindegänge im Kragen
z_B = (zum Vergleich) = Anzahl der Gewindegänge im ebenen Blech

Gew.-Bezeich. Gew.-Abmess.		Feinblech-Dicke s_0												Mittelblech-Dicke s_0				
		0,5	(0,6)	0,63	(0,75)	0,8	(0,88)	1,0	1,25	(1,5)	1,6	(1,75)	2,0	(2,25)	2,5	(2,75)	(3,0)	3,15	3,5	4,0	4,5
M 2 $h=0,4$ $d_2=1,65$	d_1	0,75	0,75	0,75	0,8	0,9	0,9														
	d_4	2,5	2,5	2,5	2,5	2,5	2,5														
	H	1,3	1,4	1,4	1,5	1,5	1,6														
	z_K	2,7	3,0	3,0	3,3	3,3	3,5														
	z_B	1,25	1,5	1,7	1,9	2,0	2,2														
M 2,3 $h=0,4$ $d_2=1,95$	d_1		0,8	0,8	0,9	1,0	1,0	1,1													
	d_4		2,9	2,9	2,9	2,8	2,8	2,8													
	H		1,4	1,5	1,6	1,6	1,7	1,8													
	z_K		3,1	3,4	3,6	3,6	3,8	4,0													
	z_B		1,5	1,6	1,9	2,0	2,2	2,5													
M 2,6 $h=0,45$ $d_2=2,2$	d_1			0,9	0,9	0,9	1,0	1,2	1,3												
	d_4			2,9	2,9	2,9	2,9	2,9	2,9												
	H			1,6	1,8	1,8	1,9	1,9	2,1												
	z_K			3,1	3,5	3,5	3,8	3,8	4,2												
	z_B			1,4	1,7	1,8	2,0	2,2	2,8												
M 3 $h=0,5$ $d_2=2,5$	d_1			1,0	1,0	1,0	1,0	1,2	1,4												
	d_4			3,8	3,8	3,8	3,8	3,7	3,7												
	H			1,8	1,9	1,9	2,0	2,1	2,2												
	z_K			3,1	3,3	3,3	3,5	3,7	3,9												
	z_B			1,3	1,5	1,6	1,8	2,0	2,5												
M 3,5 $h=0,6$ $d_2=2,95$	d_1					1,2	1,2	1,2	1,4	1,6	1,7										
	d_4					4,4	4,4	4,4	4,4	4,3	4,3										
	H					2,1	2,2	2,3	2,5	2,7	2,7										
	z_K					3,0	3,2	3,3	3,7	4,0	4,0										
	z_B					1,3	1,5	1,7	2,1	2,5	2,7										
M 4 $h=0,7$ $d_2=3,3$	d_1					1,3	1,3	1,5	1,7	1,8	1,9										
	d_4					5,0	5,0	5,0	4,9	4,9	4,9										
	H					2,4	2,5	2,7	2,9	2,9	3,0										
	z_K					2,9	3,1	3,3	3,6	3,6	3,8										
	z_B					1,3	1,4	1,8	2,1	2,3	2,5										
M 5 $h=0,8$ $d_2=4,2$	d_1							1,7	1,7	1,7	1,9	2,1	2,4								
	d_4							6,3	6,3	6,3	6,2	6,2	6,1								
	H							3,1	3,4	3,5	3,6	3,8	3,9								
	z_K							3,4	3,7	3,9	4,0	4,1	4,2								
	z_B							1,6	1,9	2,0	2,2	2,5	2,8								
M 6 $h=1,0$ $d_2=5,0$	d_1							2,0	2,0	2,0	2,1	2,4	2,7	2,9							
	d_4							7,5	7,5	7,5	7,5	7,4	7,4	7,3							
	H							3,8	3,9	4,1	4,3	4,4	4,5	4,7							
	z_K							3,3	3,4	3,6	3,8	3,9	4,0	4,2							
	z_B							1,5	1,6	1,75	2,0	2,25	2,5	2,75							
M 8 $h=1,25$ $d_2=6,75$	d_1										2,7	2,7	2,7	2,7	2,9	3,2	3,3	3,7			
	d_4										10,0	10,0	10,0	10,0	10,0	10,0	9,9	9,9			
	H										4,8	5,0	5,3	5,6	5,8	5,9	6,1	6,2			
	z_K										3,3	3,5	3,7	4,0	4,1	4,2	4,3	4,5			
	z_B										1,4	1,6	1,8	2,0	2,2	2,4	2,5	2,8			
M 10 $h=1,5$ $d_2=8,5$	d_1												3,4	3,4	3,4	3,4	3,4	3,4	3,6	4,2	4,7
	d_4												12,5	12,5	12,6	12,6	12,6	12,6	12,6	12,5	12,3
	H												5,8	6,1	6,3	6,6	6,9	7,1	7,3	7,6	7,9
	z_K												3,4	3,6	3,8	3,9	4,1	4,3	4,4	4,6	4,8
	z_B												1,3	1,5	1,7	1,8	2,0	2,1	2,3	2,6	3,0

Werte gelten für St VIII, St III
 bei Al 99,5 w H etwa 10 % größer
 bei Ms 63 w H etwa 2-5 % größer
 bei Feinzink H etwa 10 % größer

Bei Al 99,5 h muß $d_1 = 1,2 \cdot d_1$ Stahl sein
bei Pantal 17 h muß $d_1 = 1,4 \cdot d_1$ Stahl sein   } dadurch H 4 - 10 % kleiner
Raffin. Hüttenzink (weich) ($\sigma_B = 12-14$) $d_1 = 1,4 \cdot d_1$ Stahl

Tabelle 4

Durchgezogene abgestreckte Kragen für metrische Feingewinde 3

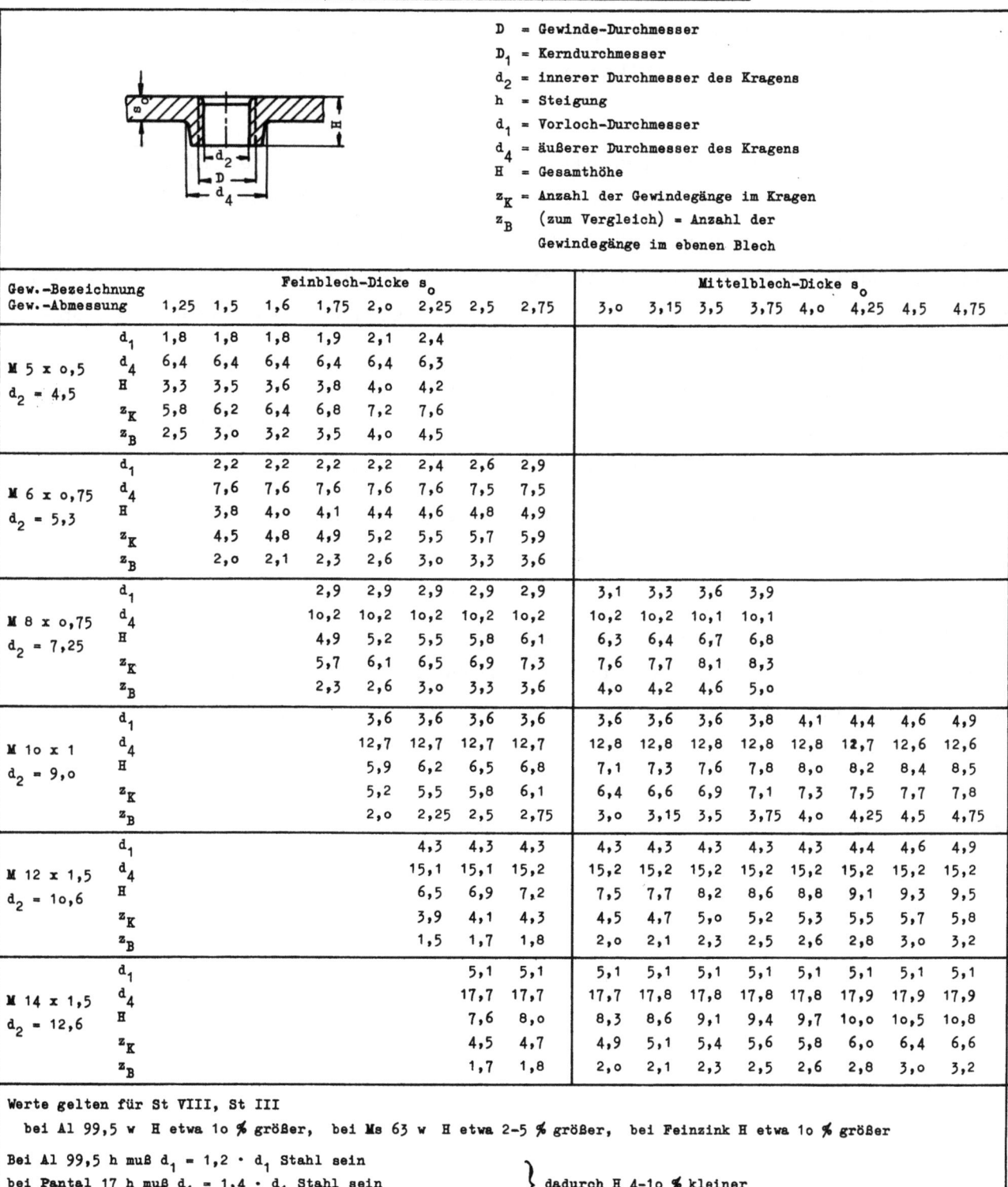

D = Gewinde-Durchmesser
D_1 = Kerndurchmesser
d_2 = innerer Durchmesser des Kragens
h = Steigung
d_1 = Vorloch-Durchmesser
d_4 = äußerer Durchmesser des Kragens
H = Gesamthöhe
z_K = Anzahl der Gewindegänge im Kragen
z_B (zum Vergleich) = Anzahl der Gewindegänge im ebenen Blech

Gew.-Bezeichnung Gew.-Abmessung		Feinblech-Dicke s_o							Mittelblech-Dicke s_o							
		1,25	1,5	1,6	1,75	2,0	2,25	2,5	2,75	3,0	3,15	3,5	3,75	4,0	4,25	4,5	4,75
M 5 x 0,5 d_2 = 4,5	d_1	1,8	1,8	1,8	1,9	2,1	2,4										
	d_4	6,4	6,4	6,4	6,4	6,4	6,3										
	H	3,3	3,5	3,6	3,8	4,0	4,2										
	z_K	5,8	6,2	6,4	6,8	7,2	7,6										
	z_B	2,5	3,0	3,2	3,5	4,0	4,5										
M 6 x 0,75 d_2 = 5,3	d_1		2,2	2,2	2,2	2,2	2,4	2,6	2,9								
	d_4		7,6	7,6	7,6	7,6	7,6	7,5	7,5								
	H		3,8	4,0	4,1	4,4	4,6	4,8	4,9								
	z_K		4,5	4,8	4,9	5,2	5,5	5,7	5,9								
	z_B		2,0	2,1	2,3	2,6	3,0	3,3	3,6								
M 8 x 0,75 d_2 = 7,25	d_1				2,9	2,9	2,9	2,9	2,9	3,1	3,3	3,6	3,9				
	d_4				10,2	10,2	10,2	10,2	10,2	10,2	10,2	10,1	10,1				
	H				4,9	5,2	5,5	5,8	6,1	6,3	6,4	6,7	6,8				
	z_K				5,7	6,1	6,5	6,9	7,3	7,6	7,7	8,1	8,3				
	z_B				2,3	2,6	3,0	3,3	3,6	4,0	4,2	4,6	5,0				
M 10 x 1 d_2 = 9,0	d_1					3,6	3,6	3,6	3,6	3,6	3,6	3,6	3,8	4,1	4,4	4,6	4,9
	d_4					12,7	12,7	12,7	12,7	12,8	12,8	12,8	12,8	12,8	12,7	12,6	12,6
	H					5,9	6,2	6,5	6,8	7,1	7,3	7,6	7,8	8,0	8,2	8,4	8,5
	z_K					5,2	5,5	5,8	6,1	6,4	6,6	6,9	7,1	7,3	7,5	7,7	7,8
	z_B					2,0	2,25	2,5	2,75	3,0	3,15	3,5	3,75	4,0	4,25	4,5	4,75
M 12 x 1,5 d_2 = 10,6	d_1					4,3	4,3	4,3	4,3	4,3	4,3	4,3	4,3	4,3	4,4	4,6	4,9
	d_4					15,1	15,1	15,2	15,2	15,2	15,2	15,2	15,2	15,2	15,2	15,2	15,2
	H					6,5	6,9	7,2	7,5	7,7	8,2	8,6	8,8	9,1	9,3	9,5	
	z_K					3,9	4,1	4,3	4,5	4,7	5,0	5,2	5,3	5,5	5,7	5,8	
	z_B					1,5	1,7	1,8	2,0	2,1	2,3	2,5	2,6	2,8	3,0	3,2	
M 14 x 1,5 d_2 = 12,6	d_1					5,1	5,1	5,1	5,1	5,1	5,1	5,1	5,1	5,1	5,1	5,1	5,1
	d_4					17,7	17,7	17,7	17,8	17,8	17,8	17,8	17,8	17,9	17,9	17,9	
	H					7,6	8,0	8,3	8,6	9,1	9,4	9,7	10,0	10,5	10,8		
	z_K					4,5	4,7	4,9	5,1	5,4	5,6	5,8	6,0	6,4	6,6		
	z_B					1,7	1,8	2,0	2,1	2,3	2,5	2,6	2,8	3,0	3,2		

Werte gelten für St VIII, St III
  bei Al 99,5 w H etwa 10 % größer, bei Ms 63 w H etwa 2-5 % größer, bei Feinzink H etwa 10 % größer

Bei Al 99,5 h muß d_1 = 1,2 · d_1 Stahl sein
bei Pantal 17 h muß d_1 = 1,4 · d_1 Stahl sein } dadurch H 4-10 % kleiner
Raffin. Hüttenzink (weich) (σ_B = 12-14) d_1 = 1,4 · d_1 Stahl

dem Kragenquerschnitt an der Unterseite des Bleches übertragbare Kraft gleich der Kraft ist, die das Gewinde im eigentlichen Kragen aufzunehmen vermag. Dadurch wird die größte Haltekraft des Bleches erzielt. Im folgenden werden die Konstruktionsblätter für die zugehörigen Werkzeuge beschrieben.

Da das Gewindeeinschneiden eine einwandfreie Ausbildung der Kragen sowie einen sauberen Kragenunterrand erfordert, kommen als Durchziehwerkzeuge nur solche in Frage, die entweder am Durchziehstempel einen Vorlochstempel tragen oder aber den Kragen in ein vorher gelochtes Blech ziehen. Das Kragenziehen ohne Vorlochstempel scheidet für saubere Gewindebefestigungen aus, da das ungelochte Blech beim Kragenziehen aufgerissen wird und kein in sich geschlossener Kragenring entsteht, sondern an dessen Stelle sich nur etwa 3 bis 5 spitze Blechlappen durchziehen, die bei Schraubverbindungen aber keine genügenden Kräfte aufnehmen können.

Für das Durchziehen der Kragen mit Vorlochstempel ergeben sich 2 Möglichkeiten und zwar mit einem üblichen Durchziehring wie auch mit einem Durchziehring, in dem eine federnd gelagerte Schneidmatrize eingesetzt ist. Die Güte des Kragenunterrandes ist im letzteren Fall zwar besser, doch genügt in vielen Fällen auch schon die Verwendung des üblichen Durchziehringes ohne Schneidmatrize, da sich auch hier der Kragen als geschlossener Ring ausbildet, wenngleich die Sauberkeit des Unterrandes nicht ganz so gut ist. Ob man einen gefederten Durchziehring vorsieht oder nicht, ist daher nach der geforderten Güte zu entscheiden. Aus diesem Grunde sind in den nachfolgenden Werkzeugblättern beide Möglichkeiten aufgeführt. Sie umfassen, wie die Konstruktionsblätter Werkzeuge zum Durchziehen von Kragen, die metrischen Gewinde M 2 bis M 1o (Tab. 5) sowie die Feingewinde M 5 x 0,5 bis M 14 x 1,5 (Tab. 6).

Die Durchziehstempel sind für die beiden Verfahren

a) für vorgelochte Bleche ohne Vorlochstempel,
b) für nicht vorgelochte Bleche mit Vorlochstempel

vorgesehen. Die Stempel können kugelig oder spitz ausgeführt werden. Die mit diesen beiden Arten zu erzielenden Kragenformen sind jeweils unter den Stempeln angedeutet. Beim kugeligen Stempel erhält der Kragen auf der Unterseite einen glatten Abschluß etwa parallel zur Blechebene, während bei einem mit spitzem Durchziehstempel gezogenen Kragen eine leicht an-

Forschungsberichte des Wirtschafts- und Verkehrsministeriums Nordrhein-Westfalen

geschrägte Unterkante entsteht und außerdem der Kragenaußenrand eine leicht ballige Form zeigt. In den Fällen, wo solch eine geringe Formabweichung zulässig ist, kann deshalb ohne weiteres mit dem billiger herzustellenden spitzen Durchziehstempel gearbeitet werden.

In der Praxis wird außerdem vielfach noch mit einem Durchziehstempel gearbeitet, der etwa die Form eines Spitzbogens hat. Da die Verwendung eines solchen Stempels aber in Bezug auf die damit erzielten Kragenformen keinen wesentlichen Vorteil bietet, in der Herstellung aber erheblich teurer ist, ist darauf verzichtet worden, diesen Stempel hier mit anzuführen. Er kann aber ohne weiteres auch jederzeit zum Durchziehen von Kragen verwendet werden.

Bei den Durchziehstempeln mit Vorlochstempel trägt der Vorlochstempel eine kleine stumpfe Kegelspitze, damit der ausgestanzte Butzen nicht am Durchziehstempel haften bleibt. Der Vorlochdurchmesser wurde dabei zur Vereinheitlichung der Werkzeuge für die Feingewindereihen M 5 x 0,5 bis M 10 x 1 gleich dem der metrischen Gewinde M 5 bis M 10 gesetzt.

Wie schon erwähnt, sind für den Durchziehring 2 Formen in dem Werkzeugblatt vorgesehen, einmal die übliche Ausführung a, die bei vorgelochten Blechen Anwendung findet, zum anderen die Ausführung b mit einer federnd gelagerten Schneidmatrize, die nur für das Verfahren 2 in Frage kommt.

VIII. Die zur Kraftübertragung günstigste Kragenform

Es wurden Konstruktionsblätter für die Gestaltung der Kragen sowie für die Werkzeuge zum Durchziehen von Kragen sowohl für metrische Gewinde wie auch für metrische Feingewinde aufgestellt, da durchgezogene Kragen am häufigsten als Schraubverbindungen angewendet werden. Zwar haben diese häufig nur kleine Kräfte aufzunehmen; aber auch in diesen Fällen müssen sie mindestens den möglichen Anzugskräften beim Befestigen standhalten. Da die vorliegenden Untersuchungen aber auch Gewindekragen in Mittelblechen einbezogen und bis zu Gewinden M 14 x 1,5 gehen, so können durchaus beachtliche Kräfte aufgenommen werden, die bei dreifacher Sicherheit bei M 8 bis zu 530 kg, bei M 14 x 1,5 bis zu 1600 kg gehen können. Für den Konstrukteur ist es daher wichtig, diese Kräfte zu kennen.

Daher wurden die Kragen in Durchmesser und Höhe so gestaltet, daß sie bei gegebener Blechdicke und gegebenem Gewindedurchmesser einen Größtwert an

Forschungsberichte des Wirtschafts- und Verkehrsministeriums Nordrhein-Westfalen

Tabelle 5

Werkzeuge für abgestreckte Kragen (metrisches Gewinde)

1. Durchziehstempel bei vorgelochtem Blech [1]		2. Durchziehstempel mit Vorlochstempel		Durchziehring
Form A (kuglig) $r = 0,5\ d_2$ [1) Durchm. des Vorlochstempels d_1]	Form B (spitz) $r_1 = 0,3 - 0,4\ d_1$ [1) Durchm. des Vorlochstempels d_1]	Form A (kuglig) $r = 0,5\ d_2$ $d'_1 = 0,5\ d_1$ $l = 2\ d_1$	Form B (spitz) $d'_1 = 0,5\ d_1$ $l = 2\ d_1$	für Verf. 1 u. 2 $H_M \gtreqless d_4$ $r_2 = 0,05 - 0,1\ d_4$ b) Mit federnd gelagerter Schneidmatrize nur für Verf. 2
Form der Kragen A	Form der Kragen B	Form der Kragen A	Form der Kragen B	

Gew.-Bezeichn. Gew.-Abmess.		Feinblech-Dicke s_o													Mittelblech-Dicke s_o				
		0,5	(0,6)	0,63	(0,75)	0,8	(0,88)	1,0	1,25	(1,5)	1,6	(1,75)	2,0	(2,25)	2,5	(2,75)	(3,0)	3,15	3,5	4,0	4,5
M 2 h = 0,4	d_1	0,75	0,75	0,75	0,8	0,9	0,9														
	d_2	1,65	1,65	1,65	1,65	1,65	1,65														
	d_4	2,5	2,5	2,5	2,5	2,5	2,5														
	α	30°	30°	30°	30°	30°	30°														
M 2,3 h = 0,4	d_1		0,8	0,8	0,9	1,0	1,0	1,1													
	d_2		1,95	1,95	1,95	1,95	1,95	1,95													
	d_4		2,9	2,9	2,9	2,8	2,8	2,8													
	α		30°	30°	30°	30°	30°	30°													
M 2,6 h = 0,45	d_1			0,9	0,9	0,9	1,0	1,2	1,3												
	d_2			2,2	2,2	2,2	2,2	2,2	2,2												
	d_4			2,9	2,9	2,9	2,9	2,9	2,9												
	α			30°	30°	30°	30°	30°	30°												
M 3 h = 0,5	d_1			1,1	1,0	1,0	1,0	1,2	1,4												
	d_2			2,5	2,5	2,5	2,5	2,5	2,5												
	d_4			3,8	3,8	3,8	3,8	3,7	3,7												
	α			30°	30°	30°	30°	30°	30°												
M 3,5 h = 0,6	d_1					1,2	1,2	1,2	1,4	1,6	1,7										
	d_2					2,95	2,95	2,95	2,95	2,95	2,95										
	d_4					4,4	4,4	4,4	4,4	4,3	4,3										
	α					30°	30°	30°	30°	30°	30°										
M 4 h = 0,7	d_1						1,3	1,3	1,5	1,7	1,8	1,9									
	d_2						3,3	3,3	3,3	3,3	3,3	3,3									
	d_4						5,0	5,0	5,0	4,9	4,9	4,9									
	α						30°	30°	30°	30°	30°	30°									
M 5 h = 0,8	d_1								1,7	1,7	1,7	1,9	2,1	2,4							
	d_2								4,2	4,2	4,2	4,2	4,2	4,2							
	d_4								6,3	6,3	6,3	6,2	6,2	6,1							
	α								45°	45°	45°	45°	45°	45°							
M 6 h = 1,0	d_1								2,1	2,1	2,1	2,1	2,4	2,7	2,9						
	d_2								5,0	5,0	5,0	5,0	5,0	5,0	5,0						
	d_4								7,5	7,5	7,5	7,5	7,4	7,4	7,3						
	α								45°	45°	45°	45°	45°	45°	45°						
M 8 h = 1,25	d_1												2,8	2,8	2,8	2,8	2,9	3,2	3,3	3,7	
	d_2												6,75	6,75	6,75	6,75	6,75	6,75	6,75	6,75	
	d_4												10,0	10,0	10,0	10,0	10,0	10,0	9,9	9,9	
	α												45°	45°	45°	45°	45°	45°	45°	45°	
M 10 h = 1,5	d_1												3,5	3,5	3,5	3,5	3,5	3,5	3,6	4,1	4,7
	d_2												8,5	8,5	8,5	8,5	8,5	8,5	8,5	8,5	8,5
	d_4												12,5	12,5	12,6	12,6	12,6	12,6	12,6	12,5	12,3
	α												45°	45°	45°	45°	45°	45°	45°	45°	45°

d_1 gilt für St VIII 23; St III 23; Ms 63 w; Al 99,5 w; Feinzink

d_1 für Al 99,5 h = 1,2 · d_1 Stahl

d_1 für Pantal 17 h = 1,4 · d_1 Stahl

d_1 für Raff.Hüttenzink (weich) = 1,4 · d_1 Stahl

d_2 wurde um 1/4 der Gewinde-Tiefe größer als der Gewinde-Innendurchmesser gewählt (vergl. Teil 2 des Gesamtberichtes).

Tabelle 6
Werkzeuge für abgestreckte Kragen (metrisches Feingewinde 3)

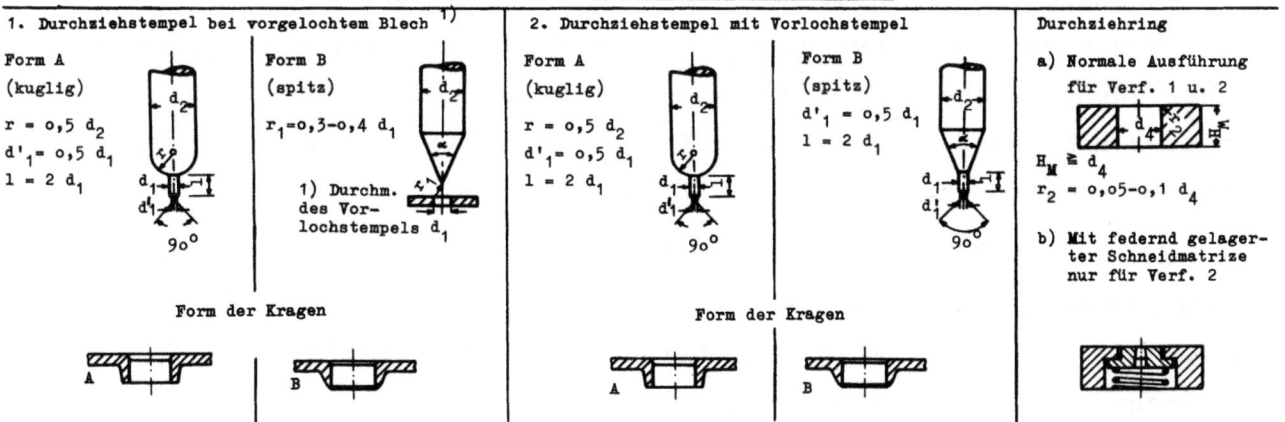

Gew.-Bezeichng. Gew.-Abmess.		Feinblech-Dicke s_o							Mittelblech-Dicke s_o							
		1,25	1,5	1,6	1,75	2,0	2,25	2,5	2,75	3,0	3,15	3,5	3,75	4,0	4,25	4,5	4,75
M 5 x 0,5	d_1	1,7	1,7	1,7	1,9	2,1	2,4										
	d_2	4,5	4,5	4,5	4,5	4,5	4,5										
	d_4	6,4	6,4	6,4	6,4	6,4	6,3										
	α	45°	45°	45°	45°	45°	45°										
M 6 x 0,75	d_1	2,1	2,1	2,1	2,1	2,4	2,7	2,9									
	d_2	5,3	5,3	5,3	5,3	5,3	5,3	5,3									
	d_4	7,6	7,6	7,6	7,6	7,6	7,5	7,5									
	α	45°	45°	45°	45°	45°	45°	45°									
M 8 x 0,75	d_1			2,8	2,8	2,8	2,8	2,9	3,2	3,3	3,7	3,9					
	d_2			7,25	7,25	7,25	7,25	7,25	7,25	7,25	7,25	7,25					
	d_4			10,2	10,2	10,2	10,2	10,2	10,2	10,2	10,1	10,1					
	α			45°	45°	45°	45°	45°	45°	45°	45°	45°					
M 10 x 1	d_1				3,5	3,5	3,5	3,5	3,5	3,5	3,6	3,8	4,1	4,4	4,7	4,9	
	d_2				9,0	9,0	9,0	9,0	9,0	9,0	9,0	9,0	9,0	9,0	9,0	9,0	
	d_4				12,7	12,7	12,7	12,7	12,7	12,8	12,8	12,8	12,8	12,7	12,6	12,6	
	α				45°	45°	45°	45°	45°	45°	45°	45°	45°	45°	45°	45°	
M 12 x 1,5	d_1					4,3	4,3	4,3	4,3	4,3	4,3	4,3	4,3	4,4	4,6	4,9	
	d_2					10,6	10,6	10,6	10,6	10,6	10,6	10,6	10,6	10,6	10,6	10,6	
	d_4					15,1	15,1	15,2	15,2	15,2	15,2	15,2	15,2	15,2	15,2	15,2	
	α					45°	45°	45°	45°	45°	45°	45°	45°	45°	45°	45°	
M 14 x 1,5	d_1						5,1	5,1	5,1	5,1	5,1	5,1	5,1	5,1	5,1	5,1	5,1
	d_2						12,6	12,6	12,6	12,6	12,6	12,6	12,6	12,6	12,6	12,6	12,6
	d_4						17,7	17,7	17,7	17,8	17,8	17,8	17,8	17,9	17,9	17,9	17,9
	α						45°	45°	45°	45°	45°	45°	45°	45°	45°	45°	45°

d_1 gilt für St VIII 23; St III 23; Ms 63 w; Al 99,5 w; Feinzink

d_1 für Al 99,5 h = 1,2 · d_{1Stahl}

d_1 für Pantal 17 h = 1,4 · d_{1Stahl}

d_1 für Raff. Hüttenzink (weich) = 1,4 · d_{1Stahl}

d_2 wurde um 1/4 der Gewinde-Tiefe größer als der Gewinde-Innendurchmesser gewählt (vergl. Teil 2 des Gesamtberichtes)

Festigkeit erreichen. Das ist dann der Fall, wenn die Ausreißfestigkeit der Gewindegänge im Kragen ebenso groß ist wie die Abreißfestigkeit des Kragens. Würde man von einer so gefundenen Form ausgehend den Kragen höher und daher dünner machen, so würde das Gewinde zwar mehr aushalten, der Kragen aber schon bei geringerer Last abreißen. Machte man ihn kürzer und dicker, so würde das Gewinde zu früh ausreißen.

Nachstehend werden die rechnerischen Betrachtungen und die Festigkeitsversuche dargelegt. Außerdem ist ein Vergleich der gewonnenen Kragenabmessungen mit dem im Dezember 1944 herausgegebenen Normblatt DIN 7952 (Blechdurchzüge mit Gewinde) durchgeführt.

Eine mittels Kragen hergestellte Schraubverbindung, die in Durchziehrichtung des Kragens einer reinen Zugbelastung ausgesetzt wird, wird bei Überbeanspruchung entweder dadurch zerstört, daß der Kragen an der Unterseite des Bleches abreißt, oder dadurch, daß das in den Kragen eingeschnittene Gewinde ausreißt (Abb. 17).

Im ersteren Falle ergibt sich die übertragbare Größtkraft aus dem Querschnitt des Kragenansatzes am Blech und der Tragkraft der Gewindegänge im eigentlichen Blech:

(1) $$P = P_Q + P_{GB}$$

P_Q = Kraft auf Kragenquerschnitt
P_{GB} = Kraft auf Gewindegänge des Blechquerschnittes

Im zweiten Fall hingegen, beim Ausreißen des Gewindes, wird die übertragbare Größtkraft durch die Tragkraft aller Gewindegänge bestimmt:

(2) $$P = P_{GB} + P_{GK}$$

P_{GK} = Kraft auf Gewindegänge im eigentlichen Kragen

Da in beiden Gleichungen die Haltekraft der Gewindegänge im eigentlichen Blech (P_{GB}) enthalten ist, so hängt die Entscheidung, ob ein Kragen abreißt oder das Gewinde ausreißt, nur von der Anzahl der Gewindegänge im eigentlichen Kragen und der Querschnittfläche an der Unterseite des Bleches ab. Man erhält daher die von dem Kragen übertragbare größtmögliche Kraft, wenn man ihn so bemißt, daß

Forschungsberichte des Wirtschafts- und Verkehrsministeriums Nordrhein-Westfalen

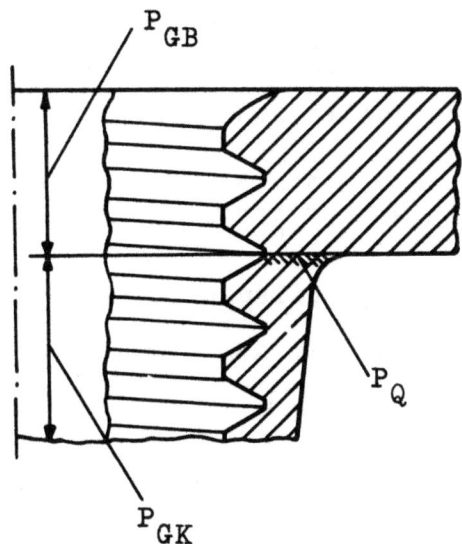

Abbildung 17
Zerlegung der auf einen Kragen wirkenden Kraft

(3) $\quad P_Q \quad = \quad P_{GK}$

Abreißkraft des Kragen- = Tragkraft der Gewinde-
querschnittes an Blech-   gänge im eigentlichen
Unterseite   Kragen

ist.

Die übertragbare Kraft des Kragenquerschnittes ist ohne weiteres rechnerisch anzugeben, da der Außendurchmesser d_4, der Gewindeaußendurchmesser D sowie auch die Festigkeit des Werkstoffes als bekannt gelten.

(4) $\qquad P_Q = \frac{\pi}{4} \cdot (d_4^2 - D^2) \cdot \sigma_B$

$\qquad d_4$ = Kragenaußendurchmesser an
$\qquad\qquad$ der Blechunterseite
$\qquad D$ = Gewindeaußendurchmesser
$\qquad \sigma_B$ = Werkstoffestigkeit

Zur Bestimmung der von einem Gewindegang übertragbaren Kraft hingegen kann man auf die Scherkraft am Gewindeflankendurchmesser zurückgreifen, da durch eigene Versuche eine weitgehende Übereinstimmung mit der Gewindetragkraft gefunden wurde. Dazu wurden Ausreißversuche an unterschiedlich ausgebildeten Kragen, die einmal mit länger ausgezogenen Kragen und damit kleinerem Kragenquerschnitt wie auch bei großem Kragenquerschnitt und kurz ausgezogenen Kragen durchgeführt und der auf Kragenquerschnitt und Gewindegänge entfallende Kraftanteil ermittelt. Es ergibt sich damit die Tragkraft des Gewindes im eigentlichen Kragen zu:

$$(5) \qquad P_{GK} = \pi \cdot D_m \cdot \frac{H - s_o}{2} \cdot \tau$$

D_m = Gewindeflankendurchmesser

Mit $P_Q = P_{GK}$ und $\tau = 0,8 \cdot \sigma$ ergibt sich:

$$(6) \qquad H = \frac{d_4^2 - D^2}{1,6 \cdot D_m} + s_o$$

Bei der Kragengestaltung sind für ein bestimmtes Gewinde und eine bestimmte Blechdicke (D, D_m, s_o = const.) in dieser Gleichung nur d_4 und H veränderlich. Es ergibt sich somit eine eindeutige Beziehung zwischen denjenigen Kragendurchmessern und der Kragenhöhe, bei denen die günstigste Tragkraft des Kragens vorliegt.

Aus der Gleichung (6) ist u.a. zu entnehmen, daß eine Änderung der Blechdicke von s_{o1} auf s_{o2} nur eine Parallelverschiebung des für H gefundenen Kurvenzuges (s. Kurve 6 in Abb. 18) zur Folge hat und zwar um den Wert ($s_{o2} \pm s_{o1}$). Das besagt, daß die größere oder kleinere Gesamtkragenhöhe darauf beruht, daß sich der Anteil der Blechdicke am gesamten Kragen ändert. Das Verhältnis der eigentlichen Kragenhöhe ($H - s_o$) zum Kragenaußendurchmesser d_4 bleibt also auch bei Veränderung der Blechdicke bestehen, mit anderen Worten: der eigentliche Kragen behält seine Form und damit die erwähnte Festigkeitseigenschaft.

Um das gefundene günstigste Verhältnis zwischen H und d_4 praktisch anwenden zu können, muß H auch der im zweiten Teil dieses Berichtes für die Ausführbarkeit der Kragen gefundenen Gleichung für die Kragenhöhe

$$(7) \qquad H = c \cdot s_o \frac{d_4^2 - d_1^2}{d_4^2 - d_2^2}$$

entsprechen.

Die beiden für H ermittelten Gleichungen (6) und (7) zu vereinigen und nach d_4 aufzulösen, ist nicht zweckmäßig, da c von u/s_o wie auch von

Forschungsberichte des Wirtschafts- und Verkehrsministeriums Nordrhein-Westfalen

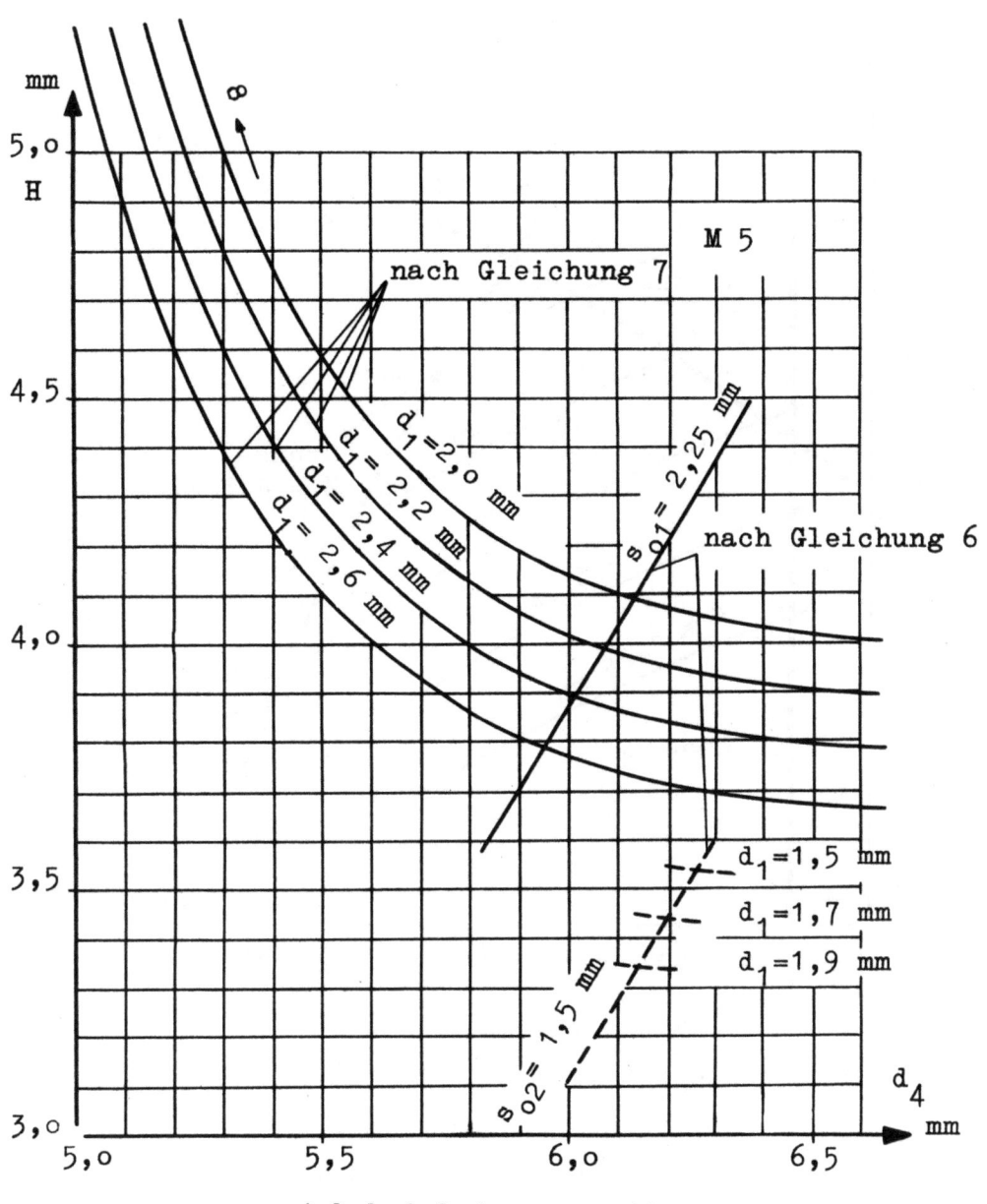

Abbildung 18

Kragenhöhe in Abhängigkeit vom Kragenaußenrand (Ziehringdurchmesser)
nach den Gleichungen 6 und 7 (Gewinde M 5, Werkstoff St VIII 23)
Schnittpunkte der Kurven 6 und 7 sind Werte für die optimale Kragenform

d_2/d_1 abhängt und sich eine unnötig verwickelte Gleichung ergäbe. Einfacher kommt man zum Ziel, wenn man beide Gleichungen graphisch aufträgt und den Schnittpunkt ermittelt. Für H der Gleichung (7) ergeben sich bei einem bestimmten Gewinde und gegebener Blechdicke s_o Kurvenscharen für verschiedene Vorlochdurchmesser d_1; Abbildung 18 zeigt z.B. für M 5 die Kurven für die Gleichung (6 und 7) und ihre Schnittpunkte für die optimalen

Seite 31

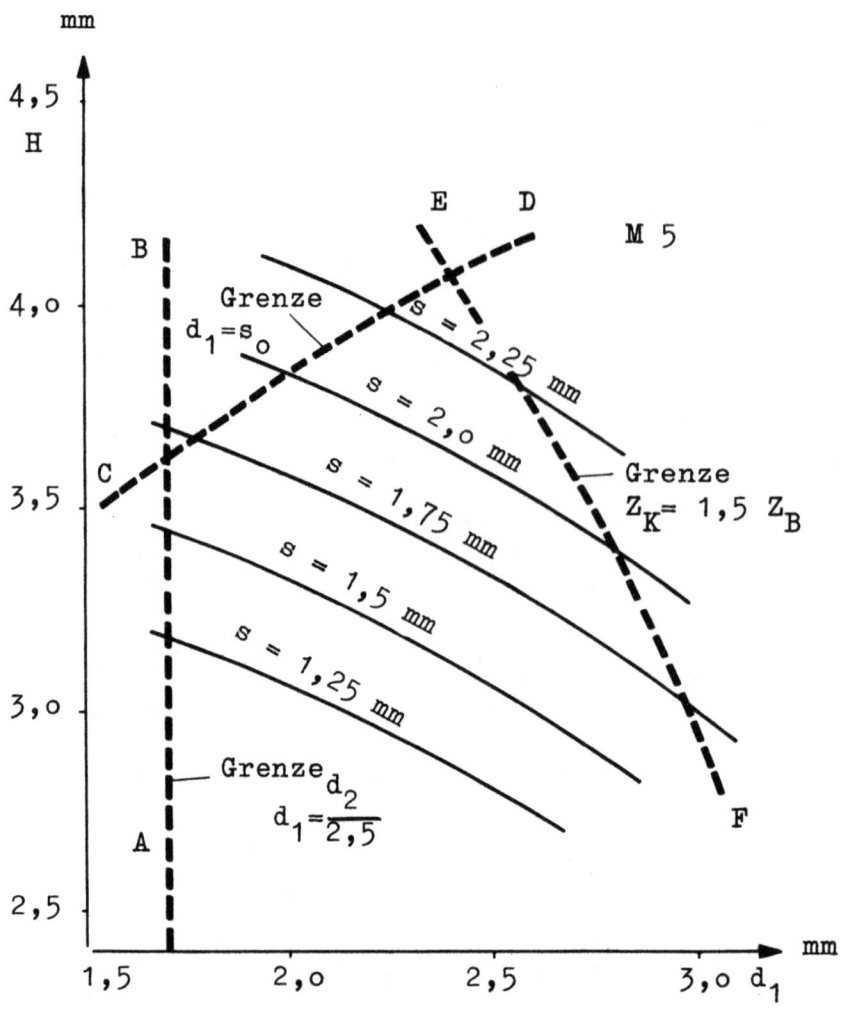

Abbildung 19

Kragenhöhe H in Abhängigkeit vom Vorlochdurchmesser d_1 bei verschiedenen Blechdicken s_o
(Gewinde M 5, Werkstoff St VIII 23)
s = const-Linien gelten für die optimale Kragenform

Kragenformen. Nun gilt es, aus diesem Zusammenhang den Vorlochdurchmesser zu finden, der zugleich drei Bedingungen entspricht, nämlich

a) $d_1 \geqq s_o$ Vorlochdurchmesser gleich oder größer als Blechdicke

b) $d_{1\,Stahl} \geqq \dfrac{d_2}{2,5}$ Aufweitverhältnis d_2/d_1 bei St VIII 23 gleich oder kleiner als 2,5

c) $z_K \geqq 1,5 \cdot z_B$ Anzahl der Gewindegänge im Kragen gleich oder größer als 1,5 x Gewindegänge im eigentlichen Blech.

Forschungsberichte des Wirtschafts- und Verkehrsministeriums Nordrhein-Westfalen

Danach wird aus den Schnittpunkten A, B, C ... derjenige ausgewählt, der unter den erwähnten Bedingungen die größte Kragenhöhe ergibt. Weiter zeigt Abbildung 19, wie die möglichst großen Kragenhöhen H für die Konstruktionstafeln gewonnen wurden. Hier ist für ein bestimmtes Gewinde, beispielsweise M 5, H in Abhängigkeit vom Vorlochdurchmesser d_1 bei verschiedenen Blechdicken s_o aufgetragen. Ferner sind die Grenzbedingungen eingetragen, und zwar $d_{1 Stahl} = d_2/2,5$ (Linienzug A-B) und $d_1 = s_o$ (Linienzug C-D) wie auch $z_K = 1,5\ z_B$ (Linienzug E-F). Abbildung 19 ist ebenfalls für M 5 gezeichnet.

Auf diese Weise wurden alle Werte der Tabellen 3 und 4 für die Gestaltung der Kragen ermittelt. Die Kragenabmessungen entsprechen somit den günstigsten Festigkeitsverhältnissen zwischen Kragenhöhe und Kragenquerschnitt.

IX. Die Ausreißkräfte bei optimaler Kragenform

Somit lassen sich die Ausreißkräfte in Durchziehrichtung auf zweierlei Weise, nämlich nach den Gleichungen 1 und 2, <u>rechnerisch</u> ermitteln.

In der Übereinstimmung beider Werte liegt gleichzeitig eine Probe für diese rechnerische Ermittlung der günstigsten Kragenform. An einem Beispiel sei diese Übereinstimmung zunächst nachgewiesen und dann weiter unten ein Vergleich der rechnerischen Werte mit den versuchsmäßig gewonnenen Ausreißkräften durchgeführt.

Für M 8 s = 2,o mm, St VIII 23 ($\sigma_B = 33$ kg/mm^2, $\tau = 26$ kg/mm^2)

ergibt sich (vergl. Werte Tab. 3 in Teil 2 dieses Berichtes):

Nach Gleichung 1:

$$P = P_Q + P_{GB}$$

$$P = \frac{\pi}{4}(d_4^2 - D^2) \cdot \sigma + D_m \cdot \pi \cdot \frac{s_o'}{2} \cdot \tau)$$

s_o' berücksichtigt die Einrundung des Kragens.

$$s_o' = (z_K - \frac{H - s_o}{h}) h = z_K \cdot h - H + s_o$$

$$s_o' = 3,5 \cdot 1,25 - 5 + 2 = 1,38$$

$$d_4 = 10,o$$
$$D = 8,112$$

$$P = (78,5 - 51,8) \cdot 33 + 7,18 \cdot \pi \cdot \frac{1,38}{2} \cdot 26$$

$$P = 880 + 403$$

$$\underline{\underline{P = 1283 \text{ kg}}}$$

Nach Gleichung 2:

$$P = P_{GB} + P_{GK}$$

$$P = D_m \cdot \pi \cdot \frac{z_K \cdot h}{2} \cdot \tau$$

$$D_m = 7,18$$

$$P = 7,18 \cdot \pi \cdot \frac{3,5 \cdot 1,25}{2} \cdot 26$$

$$\underline{\underline{P = 1285 \text{ kg}}}$$

Für die Gewinde M 5, M 8 und M 14 x 1,5 sind die berechneten Werte durch Ausreißversuche überprüft worden. In der nachstehenden Tabelle 7 sind die Versuchswerte mit den berechneten Werten verglichen.

T a b e l l e 7

Ausreißkräfte bei Kragen aus St VIII 23 bei Gewinde M 5, M 8, M 14 x 1,5 (Versuchswerte und rechnerische Werte)

	s_o	Messung				Mittel-wert kg	Rechn. Wert kg	Rechn. Wert kg
		1 kg	2 kg	3 kg	4 kg			
M 5	1,25	520	490	530	500	510	518	150 x z_K
	1,5	540	555	570	540	550	562	
	1,75	610	580	560	600	585	608	
	2,0	600	630	610	610	610	624	
M 8	2,0	1280	1300	1270	1320	1290	1330	375 x z_K
	2,5	1510	1530	1470	1580	1520	1525	
	2,75	1540	1540	1520	1560	1540	1560	
	3,0	1580	1570	1605	1600	1590	1600	
M 14 x 1,5	2,5	3550	3640	3680	3610	3620	3700	825 x z_K
	3,0	3900	3950	3870	3980	3925	4030	
	3,5	4370	4350	4430	4390	4385	4450	

Bei den gemessenen Ausreißkräften erfolgte die Zerstörung des Kragens ebenso oft durch Abreißen des Kragenquerschnittes wie auch durch Ausreißen des Gewindes.

Aus der Gegenüberstellung ist zu entnehmen, daß die praktischen Werte zwar in einigen Fällen etwas niedriger liegen als die rechnerischen. Die Übereinstimmung ist jedoch so gut, daß die Werte als Richtwerte gelten können, die im günstigsten Fall erreicht werden können, dies um so mehr, als man ohnehin mit einem Sicherheitszuschlag rechnen wird.

Natürlich ist dazu Vorbedingung, daß Kragen und Gewinde einwandfrei ausgeführt sind. Andernfalls kann unter Umständen durch ein schlecht gebildetes Gewinde sowie die Kerbwirkung der Gewindegänge der Kragenquerschnitt schon bei erheblich kleinerer Belastung abreißen. In Tabelle 8 ist für die verschiedenen Gewinde aus allgemeinen Sicherheitsgründen 1/3 der Werte der bei einwandfreien Voraussetzungen größtmöglichen Kräfte bei einer Belastung in Durchziehrichtung angegeben.

Die übertragbare Größtkraft ist nach Gleichung (2):

$$P = P_{GB} + P_{GK} = \pi \cdot D_m \cdot \frac{h \cdot z_K}{2} \cdot \tau$$

Hierin kann man alle Glieder der Gleichung außer der Anzahl der Gewindegänge im gesamten Kragen z_K bei einem bestimmten Gewinde und Werkstoff zu einem Festwert C zusammenziehen, also

$$P = [kg] = C \cdot z_K \, [mm]$$

Es ergibt sich nun eine sehr übersichtliche Zahlentafel für die C-Werte. Hieraus kann bequem die übertragbare Kraft durch Vervielfachung mit der Anzahl der Gewindegänge im Kragen z_K berechnet werden. Die Werte für z_K selbst entnehme man aus Tabelle 3 bzw. 4 (in den Werten für z_K wurde die Einrundung des Kragens berücksichtigt).

Belastet man die Kragen entgegen der Durchziehrichtung, mit anderen Worten beansprucht man den Kragen auf Druck statt auf Zug, so ergeben sich um <u>15 % größere Kräfte</u>. In Tabelle 8 sind daher zweierlei C-Werte angegeben, nämlich C_z für die auf Zug, C_d für die auf Druck beanspruchten Kragen.

Tabelle 8
Übertragbare Kraft bei Schraubverbindungen durch Kragen (Werte gelten für St VIII 23)
Dreifache Sicherheit

Ge-winde	Bean-spruchg. auf Zug $P=C_z \cdot z_K$ [kg] [mm]	Bean-spruchg. auf Druck $P=C_d \cdot z_K$ [kg] [mm]	Ge-winde	Bean-spruchg. auf Zug $P=C_z \cdot z_K$ [kg] [mm]	Bean-spruchg. auf Druck $P=C_d \cdot z_K$ [kg] [mm]
M 2	$9,5 \cdot z_K$	$10,9 \cdot z_K$	M 5x0,5	$33 \cdot z_K$	$38 \cdot z_K$
M 2,3	$11,5 \cdot z_K$	$13,2 \cdot z_K$	M 6x0,75	$58 \cdot z_K$	$67 \cdot z_K$
M 2,6	$14,5 \cdot z_K$	$16,6 \cdot z_K$	M 8x0,75	$80 \cdot z_K$	$92 \cdot z_K$
M 3	$19 \cdot z_K$	$21,8 \cdot z_K$	M 10x1	$130 \cdot z_K$	$150 \cdot z_K$
M 3,5	$26 \cdot z_K$	$30 \cdot z_K$	M 12x1,5	$234 \cdot z_K$	$270 \cdot z_K$
M 4	$35 \cdot z_K$	$40 \cdot z_K$	M 14x1,5	$275 \cdot z_K$	$315 \cdot z_K$
M 5	$50 \cdot z_K$	$57 \cdot z_K$			
M 6	$75 \cdot z_K$	$86 \cdot z_K$			
M 8	$125 \cdot z_K$	$144 \cdot z_K$			
M 10	$178 \cdot z_K$	$205 \cdot z_K$			

Anmerkung: Für andere Werkstoffe, z.B. Ms, Al usw. sind die angegebenen Werte mit

$$\frac{\tau(\text{des betr. Werkst.})}{\tau \text{ St VIII 23}} = \frac{\tau}{27}$$

zu vervielfachen.

Beispiel: Gewinde M 5, Blechdicke s = 1,5 mm, Werkstoff St VIII 23
übertragbare Kraft bei Beanspruchung auf Zug
= 50 x z_K = 50 · 3,7 = 185 kg

X. Vergleich der gewonnenen Kragenabmessungen mit Normblatt DIN 7952 (Blechdurchzüge mit Gewinde)

Über enge Kragen mit Gewinde besteht DIN 7952. Abbildung 20 zeigt ihren Bereich gestrichelt und den hier entwickelten Bereich ausgezogen.

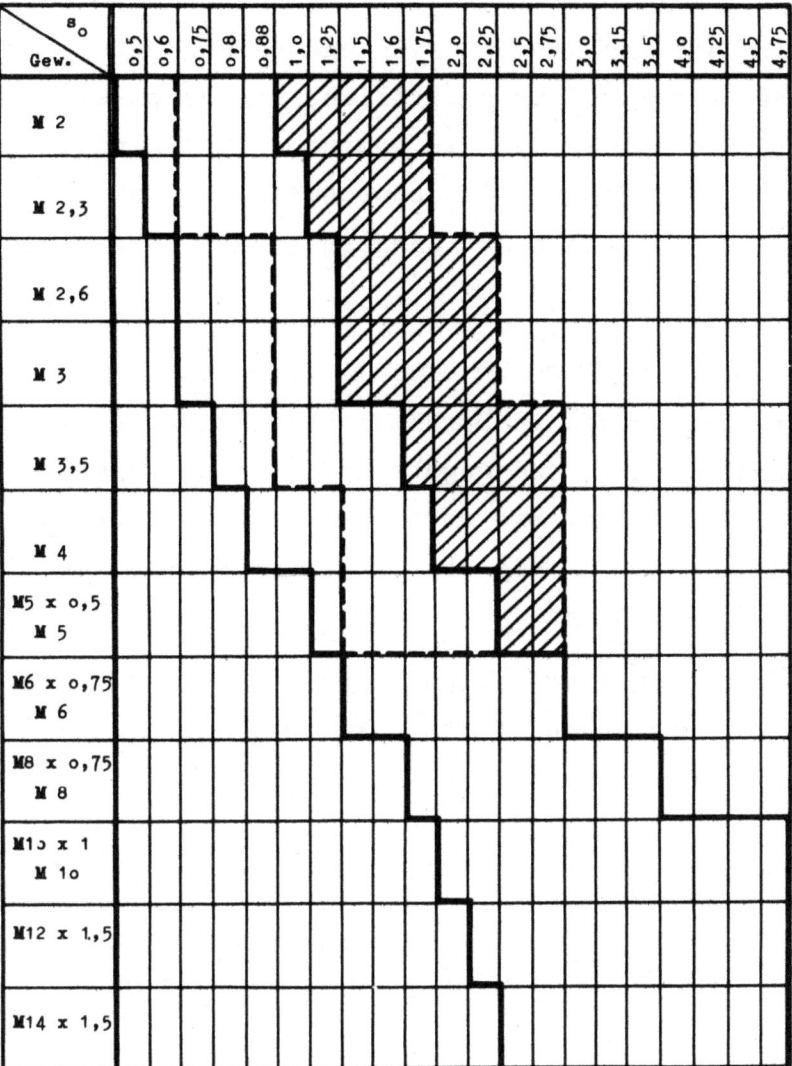

Abbildung 20

Anwendungsbereich durchgezogener Kragen

————: nach Untersuchungen der Forschungsstelle Blechbearbeitung

— — —: nach DIN 7952 "Blechdurchzüge mit Gewinde"

Der Bereich ist somit von den Gewindedurchmessern M 2 bis M 5 auf M 2 bis 14 x 1,5 erweitert worden und erstreckt sich auf die Blechdicken 0,5 bis 4,75 mm statt nur auf 0,5 bis 2,75 mm wie in der DIN - Norm. Auffällig ist außerdem, daß der hier vorgeschlagene Bereich gegenüber der DIN - Norm verschoben ist. Die zwischen der gestrichelten und der ausgezogenen Umrandung (schaffierter Teil) befindlichen Größen werden nicht zur Anwendung empfohlen, weil dabei die Kragenhöhen H so gering sind, daß nicht das 1,5-fache der Anzahl der Gewindegänge gegenüber dem ebenen Blech entsteht. Dann aber ist es unwirtschaftlich, überhaupt einen Kragen durchzuziehen. Wenn die Blechdicke für ein Gewinde nicht genügt, ist es viel billiger, einen etwas größeren Gewindedurchmesser zu wählen. Ergibt das übliche Grobgewinde keine genügende Gangzahl, dann kann das Feingewinde gewählt werden.

Zusammenfassung

Die Kragen für Gewinde wurden in Durchmesser und Höhe so gestaltet, daß sie bei gegebener Blechdicke und gegebenem Gewindedurchmesser einen Größtwert an Festigkeit erreichen. Sie erstrecken sich auf Gewinde M 2 bis M 10 und M 5 x 0,5 bis M 14 x 1,5. Die übertragbaren Kräfte gehen bei dreifacher Sicherheit bis 1600 kg.

Tabelle 3 und 4 geben die Kragenabmessungen,
Tabelle 5 und 6 die Abmessungen für die Werkzeuge und
Tabelle 8 die Faktoren für die Kräfte an.

Prof. Dr.-Ing. O. KIENZLE, Hannover
Dipl.-Ing. Fr.W. TIMMERBEIL, Hannover

XI. Literaturverzeichnis

1) OEHLER, G.   Die beim Stechen vorgelochter Bleche erreichbare Bördelhöhe. Mitt. Forsch. Ges. Blechverarb. (1952) Nr. 13, S. 141/146

Mitt. Forschungsgesellschaft Blechverarbeitung 1953 Nr. 19

Mitt. Forschungsgesellschaft Blechverarbeitung 1954 Nr. 1

Mitt. Forschungsgesellschaft Blechverarbeitung 1954 Nr. 4

Mitt. Forschungsgesellschaft Blechverarbeitung 1954 Nr. 6

FORSCHUNGSBERICHTE
DES WIRTSCHAFTS- UND VERKEHRSMINISTERIUMS
NORDRHEIN-WESTFALEN

Herausgegeben von Staatssekretär Prof. Leo Brandt

Heft 1:
Prof. Dr.-Ing. E. Flegler, Aachen
Untersuchungen oxydischer Ferromagnet-Werkstoffe

Heft 2:
Prof. Dr. W. Fuchs, Aachen
Untersuchungen über absatzfreie Teeröle

Heft 3:
Techn.-Wissenschaftl. Büro für die Bastfaserindustrie, Bielefeld
Untersuchungsarbeiten zur Verbesserung des Leinenwebstuhls

Heft 4:
Prof. Dr. E. A. Müller und Dipl.-Ing. H. Spitzer, Dortmund
Untersuchungen über die Hitzebelastung in Hüttebetrieben

Heft 5:
Dipl.-Ing. W. Fister, Aachen
Prüfstand der Turbinenuntersuchungen

Heft 6:
Prof. Dr. W. Fuchs, Aachen
Untersuchungen über die Zusammensetzung und Verwendbarkeit von Schwelteerfraktionen

Heft 7:
Prof. Dr. W. Fuchs, Aachen
Untersuchungen über emsländisches Petrolatum

Heft 8:
M. E. Meffert und H. Stratmann, Essen
Algen-Großkulturen im Sommer 1951

Heft 9:
Techn.-Wissenschaftl. Büro für die Bastfaserindustrie, Bielefeld
Untersuchungen über die zweckmäßige Wicklungsart von Leinengarnkreuzspulen unter Berücksichtigung der Anwendung hoher Geschwindigkeiten des Garnes
Vorversuche für Zetteln und Schären von Leinengarnen auf Hochleistungsmaschinen

Heft 10:
Prof. Dr. W. Vogel, Köln
„Das Streifenpaar" als neues System zur mechanischen Vergrößerung kleiner Verschiebungen und seine technischen Anwendungsmöglichkeiten

Heft 11:
Laboratorium für Werkzeugmaschinen und Betriebslehre, Technische Hochschule Aachen
1. Untersuchungen über Metallbearbeitung im Fräsvorgang mit Hartmetallwerkzeugen und negativem Spanwinkel
2. Weiterentwicklung des Schleifverfahrens für die Herstellung von Präzisionswerkstücken unter Vermeidung hoher Temperaturen
3. Untersuchung von Oberflächenveredlungsverfahren zur Steigerung der Belastbarkeit hochbeanspruchter Bauteile

Heft 12:
Elektrowärme-Institut, Langenberg (Rhld.)
Induktive Erwärmung mit Netzfrequenz

Heft 13:
Techn.-Wissenschaftl. Büro für die Bastfaserindustrie, Bielefeld
Das Naßspinnen von Bastfasergarnen mit chemischen Zusätzen zum Spinnbad

Heft 14:
Forschungsstelle für Acetylen, Dortmund
Untersuchungen über Aceton als Lösungsmittel für Acetylen

Heft 15:
Wäschereiforschung Krefeld
Trocknen von Wäschestoffen

Heft 16:
Max-Planck-Institut für Kohlenforschung, Mülheim a. d. Ruhr
Arbeiten des MPI für Kohlenforschung

Heft 17:
Ingenieurbüro Herbert Stein, M. Gladbach
Untersuchung der Verzugsvorgänge in den Streckwerken verschiedener Spinnereimaschinen. 1. Bericht: Vergleichende Prüfung mit verschiedenen Dickenmeßgeräten

Heft 18:
Wäschereiforschung Krefeld
Grundlagen zur Erfassung der chemischen Schädigung beim Waschen

Heft 19:
Techn.-Wissenschaftl. Büro für die Bastfaserindustrie, Bielefeld
Die Auswirkung des Schlichtens von Leinengarnketten auf den Verarbeitungswirkungsgrad, sowie die Festigkeit und Dehnungsverhältnisse der Garne und Gewebe

Heft 20:
Techn.-Wissenschaftl. Büro für die Bastfaserindustrie, Bielefeld
Trocknung von Leinengarnen I
Vorgang und Einwirkung auf die Garnqualität

Heft 21:
Techn.-Wissenschaftl. Büro für die Bastfaserindustrie, Bielefeld
Trocknung von Leinengarnen II
Spulenanordnung und Luftführung beim Trocknen von Kreuzspulen

Heft 22:
Techn.-Wissenschaftl. Büro für die Bastfaserindustrie, Bielefeld
Die Reparaturanfälligkeit von Webstühlen

Heft 23:
Institut für Starkstromtechnik, Aachen
Rechnerische und experimentelle Untersuchungen zur Kenntnis der Metadyne als Umformer von konstanter Spannung auf konstanten Strom

Heft 24:
Institut für Starkstromtechnik, Aachen
Vergleich verschiedener Generator-Metadyne-Schaltungen in bezug auf statisches Verhalten

Heft 25:
Gesellschaft für Kohlentechnik mbH., Dortmund-Eving
Struktur der Steinkohlen und Steinkohlen-Kokse

Heft 26:
Techn.-Wissenschaftl. Büro für die Bastfaserindustrie, Bielefeld
Vergleichende Untersuchungen zweier neuzeitlicher Ungleichmäßigkeitsprüfer für Bänder und Garne hinsichtlich ihrer Eignung für die Bastfaserspinnerei

Heft 27:
Prof. Dr. E. Schratz, Münster
Untersuchungen zur Rentabilität des Arzneipflanzenanbaues Römische Kamille, Anthemis nobilis L.

Heft 28:
Prof. Dr. E. Schratz, Münster
Calendula officinalis L. Studien zur Ernährung, Blütenfüllung und Rentabilität der Drogengewinnung   Rentabilität der

Heft 29:
Techn.-Wissenschaftl. Büro für die Bastfaserindustrie, Bielefeld
Die Ausnützung der Leinengarne in Geweben

Heft 30:
Gesellschaft für Kohlentechnik mbH., Dortmung-Eving
Kombinierte Entaschung und Verschwelung von Steinkohle; Aufarbeitung von Steinkohlenschlämmen zu verkokbarer oder verschwelbarer Kohle

Heft 31:
Dipl.-Ing. Störmann, Essen
Messung des Leistungsbedarfs von Doppelsteg-Kettenförderern

Heft 32:
Techn.-Wissenschaftl. Büro für die Bastfaserindustrie, Bielefeld
Der Einfluß der Natriumchloridbleiche auf Qualität und Verwebbarkeit von Leinengarnen und die Eigenschaften der Leinengewebe unter besonderer Berücksichtigung des Einsatzes von Schützen- und Spulenwechselautomaten in der Leinenweberei

Heft 33:
Kohlenstoffbiologische Forschungsstation e. V.
Eine Methode zur Bestimmung von Schwefeldioxyd und Schwefelwasserstoff in Rauchgasen und in der Atmosphäre

Heft 34:
Textilforschungsanstalt Krefeld
Quellungs- und Entquellungsvorgänge bei Faserstoffen

Heft 35:
Professor Dr. W. Kast, Krefeld
Feinstrukturuntersuchungen an künstlichen Zellulosefasern verschiedener Herstellungsverfahren

Heft 36:
Forschungsinstitut der feuerfesten Industrie, Bonn
Untersuchungen über die Trocknung von Rohton
Untersuchungen über die chemische Reinigung von Silika- und Schamotte-Rohstoffen mit chlorhaltigen Gasen

Heft 37:
Forschungsinstitut der feuerfesten Industrie, Bonn
Untersuchungen über den Einfluß der Probenvorbereitung auf die Kaltdruckfestigkeit feuerfester Steine

Heft 38:
Forschungsstelle für Acetylen, Dortmund
Untersuchungen über die Trocknung von Acetylen zur Herstellung von Dissousgas

Heft 39:
Forschungsgesellschaft Blechverarbeitung e. V., Düsseldorf
Untersuchungen an prägegemusterten und vorgelochten Blechen

Heft 40:
Landesgeologe Dr.-Ing. W. Wolff, Amt für Bodenforschung, Krefeld
Untersuchungen über die Anwendbarkeit geophysikalischer Verfahren zur Untersuchung von Spateisengängen im Siegerland

Heft 41:
Techn.-Wissenschaftl. Büro für die Bastfaserindustrie, Bielefeld
Untersuchungsarbeiten zur Verbesserung des Leinenwebstuhles II

Heft 42:
Professor Dr. B. Helferich, Bonn
Untersuchungen über Wirkstoffe — Fermente — in der Kartoffel und die Möglichkeit ihrer Verwendung

Heft 43:
Forschungsgesellschaft Blechverarbeitung e. V., Düsseldorf
Forschungsergebnisse über das Beizen von Blechen

Heft 44:
Arbeitsgemeinschaft für praktische Dehnungsmessung, Düsseldorf
Eigenschaften und Anwendungen von Dehnungsmeßstreifen

Heft 45:
Losenhausenwerk Düsseldorfer Maschinenbau AG., Düsseldort
Untersuchungen von störenden Einflüssen auf die Lastgrenzenanzeige von Dauerschwingprüfmaschinen

Heft 46:
Prof. Dr. W. Fuchs, Aachen
Untersuchungen über die Aufbereitung von Wasser für die Dampferzeugung in Benson-Kesseln

Heft 47:
Prof. Dr.-Ing. K. Krekeler, Aachen
Versuche über die Anwendung der induktiven Erwärmung zum Sintern von hochschmelzenden Metallen sowie zur Anlegierung und Vergütung von aufgespritzten Metallschichten mit dem Grundwerkstoff

Heft 48:
Max-Planck-Institut für Eisenforschung, Düsseldorf
Spektrochemische Analyse der Gefügebestandteile in Stählen nach ihrer Isolierung

Heft 49:
Max-Planck-Institut für Eisenforschung, Düsseldorf
Untersuchungen über Ablauf der Desoxydation und die Bildung von Einschlüssen in Stählen

Heft 50:
Max-Planck-Institut für Eisenforschung, Düsseldorf
Flammenspektralanalytische Untersuchung der Ferritzusammensetzung in Stählen

Heft 51:
Verein zur Förderung von Forschungs- und Entwicklungsarbeiten in der Werkzeugindustrie e. V., Remscheid
Untersuchungen an Kreissägeblättern für Holz, Fehler- und Spannungsprüfverfahren

Heft 52:
Forschungsstelle für Azetylen, Dortmund
Untersuchungen über den Umsatz bei der explosiblen Zersetzung von Azetylen
a) Zersetzung von gasförmigem Azetylen,
b) Zersetzung von an Silikagel adsorbiertem Azetylen

Heft 53:
Professor Dr.-Ing. H. Opitz, Aachen
Reibwert- und Verschleißmessungen an Kunststoffgleitführungen für Werkzeugmaschinen

Heft 54:
Professor Dr.-Ing. F. A. F. Schmidt, Aachen
Schaffung von Grundlagen für die Erhöhung der spez. Leistung und Herabsetzung des spez. Brennstoffverbrauches bei Ottomotoren mit Teilbericht über Arbeiten an einem neuen Einspritzverfahren

Heft 55:
Forschungsgesellschaft Blechverarbeitung e. V., Düsseldorf
Chemisches Glänzen von Messing und Neusilber

Heft 56:
Forschungsgesellschaft Blechverarbeitung e. V., Düsseldorf
Untersuchungen über einige Probleme der Behandlung von Blechoberflächen

Heft 57:
Prof. Dr.-Ing. F. A. F. Schmidt, Aachen
Untersuchungen zur Erforschung des Einflusses des chemischen Aufbaues des Kraftstoffes auf sein Verhalten im Motor und in Brennkammern von Gasturbinen

Heft 58:
Gesellschaft für Kohlentechnik m. b. H., Dortmund
Herstellung und Untersuchung von Steinkohlenschwelteer

Heft 59:
Forschungsinstitut der Feuerfest-Industrie e. V., Bonn
Ein Schnellanalysenverfahren zur Bestimmung von Aluminiumoxyd, Eisenoxyd und Titanoxyd in feuerfestem Material mittels organischer Farbreagenzien auf photometrischem Wege
Untersuchungen des Alkali-Gehaltes feuerfester Stoffe mit dem Flammenphotometer nach Riehm-Lange

Heft 60:
Forschungsgesellschaft Blechverarbeitung e. V., Düsseldorf
Untersuchungen über das Spritzlackieren im elektrostatischen Hochspannungsfeld

Heft 61:
Verein zur Förderung von Forschungs- und Entwicklungsarbeiten in der Werkzeugindustrie e. V., Remscheid
Schwingungs- und Arbeitsverhalten von Kreissägeblättern für Holz

Heft 62:
Professor Dr. W. Franz, Institut für theoretische Physik der Universität Münster
Berechnung des elektrischen Durchschlags durch feste und flüssige Isolatoren

Heft 63:
Textilforschungsanstalt Krefeld
Neue Methoden zur Untersuchung der Wirkungsweise von Textilhilfsmitteln
Untersuchungen über Schlichtungs- und Entschlichtungsvorgänge

Heft 64:
Textilforschungsanstalt Krefeld
Die Kettenlängenverteilung von hochpolymeren Faserstoffen
Über die fraktionierte Fällung von Polyamiden

Heft 65:
Fachverband Schneidwarenindustrie, Solingen
Untersuchungen über das elektrolytische Polieren von Tafelmesserklingen aus rostfreiem Stahl

Heft 66:
Dr.-Ing. P. Füsgen VDI †, Düsseldorf
Untersuchungen über das Auftreten des Ratterns bei selbsthemmenden Schneckengetrieben und seine Verhütung

Heft 67:
Heinrich Wösthoff o. H. G., Apparatebau, Bochum
Entwicklung einer chemisch-physikalischen Apparatur zur Bestimmung kleinster Kohlenoxyd-Konzentrationen

Heft 68:
Kohlenstoffbiologische Forschungsstation e. V., Essen
Algengroßkulturen im Sommer 1952
II. Über die unsterile Großkultur von Scenedesmus obliquus

Heft 69:
Wäschereiforschung Krefeld
Bestimmung des Faserabbaues bei Leinen unter besonderer Berücksichtigung der Leinengarnbleiche

Heft 70:
Wäschereiforschung Krefeld
Trocknen von Wäschestoffen

Heft 71:
Prof. Dr.-Ing. K. Leist, Aachen
Kleingasturbinen, insbesondere zum Fahrzeugantrieb

Heft 72:
Prof. Dr.-Ing. K. Leist, Aachen
Beitrag zur Untersuchung von stehenden geraden Turbinengittern mit Hilfe von Druckverteilungsmessungen

Heft 73:
Prof. Dr.-Ing. K. Leist, Aachen
Spannungsoptische Untersuchungen von Turbinenschaufelfüßen

Heft 74:
Max-Planck-Institut für Eisenforschung, Düsseldorf
Versuche zur Klärung des Umwandlungsverhaltens eines sonderkarbidbildenden Chromstahls

Heft 75:
Max-Planck-Institut für Eisenforschung, Düsseldorf
Zeit-Temperatur-Umwandlungs-Schaubilder als Grundlage der Wärmebehandlung der Stähle

Heft 76:
Max-Planck-Institut für Arbeitsphysiologie, Dortmund
Arbeitstechnische und arbeitsphysiologische Rationalisierung von Mauersteinen

Heft 77:
Meteor Apparatebau Paul Schmeck G. m. b H., Siegen
Entwicklung von Leuchtstoffröhren hoher Leistung

Heft 78:
Forschungsstelle für Acetylen, Dortmund
Über die Zustandsgleichung des gasförmigen Acetylens und das Gleichgewicht Acetylen — Aceton

Heft 79:
Techn.-Wissenschaftl. Büro für die Bastfaserindustrie, Bielefeld
Trocknung von Leinengarnen III
Spinnspulen- und Spinnkopstrocknung
Vorgang und Einwirkung auf die Garnqualität

Heft 80:
Techn.-Wissenschaftl. Büro für die Bastfaserindustrie, Bielefeld
Die Verarbeitung von Leinengarn auf Webstühlen mit und ohne Oberbau

Heft 81:
Prüf- und Forschungsinstitut für Ziegeleierzeugnisse, Essen-Kray
Die Einführung des großformatigen Einheits-Gitterziegels im Lande Nordrhein-Westfalen

Heft 82:
Vereinigte Aluminium-Werke AG., Bonn
Forschungsarbeiten auf dem Gebiet der Veredelung von Aluminium-Oberflächen

Heft 83:
Prof. Dr. S. Strugger, Münster
Über die Struktur der Proplastiden

Heft 84:
Dr. H. Baron, Düsseldorf
Über Standardisierung von Wundtextilien

Heft 85:
Textilforschungsanstalt Krefeld
Physikalische Untersuchungen an Fasern, Fäden, Garnen und Geweben:
Untersuchungen am Knickscheuergerät nach Weltzien

Heft 86:
Prof. Dr.-Ing. H. Opitz, Aachen
Untersuchungen über das Fräsen von Baustahl sowie über den Einfluß des Gefüges auf die Zerspanbarkeit

Heft 87:
Gemeinschaftsausschuß Verzinken, Düsseldorf
Untersuchungen über Güte von Verzinkungen

Heft 88:
Gesellschaft für Kohlentechnik mbH., Dortmund-Eving
Oxydation von Steinkohle mit Salpetersäure

Heft 89:
Verein Deutscher Ingenieure, Gleitlagerforschung, Düsseldorf und Prof. Dr.-Ing. G. Vogelpohl, Göttingen
Versuche mit Preßstoff-Lagern für Walzwerke

Heft 90:
Forschungs-Institut der Feuerfest-Industrie, Bonn
Das Verhalten von Silikasteinen im Siemens-Martin-Ofengewölbe

Heft 91:
Forschungs-Institut der Feuerfest-Industrie, Bonn
Untersuchungen des Zusammenhangs zwischen Leistung und Kohlenverbrauch von Kammeröfen zum Brennen von feuerfesten Materialien

Heft 92:
Techn.-Wissenschaftl. Büro für die Bastfaserindustrie, Bielefeld und Laboratorium für textile Meßtechnik, M.-Gladbach
Messungen von Vorgängen am Webstuhl

Heft 93:
Prof. Dr. W. Kast, Krefeld
Spinnversuche zur Strukturerfassung künstlicher Zellulosefasern

Heft 94:
Prof. Dr. G. Winter, Bonn
Die Heilpflanzen des MATTHIOLUS (1611) gegen Infektionen der Harnwege und Verunreinigungen der Wunden bzw. zur Förderung der Wundheilung im Lichte der Antibiotikaforschung

Heft 95:
Prof. Dr. G. Winter, Bonn
Untersuchungen über die flüchtigen Antibiotika aus der Kapuziner- (Tropaeolum maius) und Gartenkresse (Lepidium sativum) und ihr Verhalten im menschlichen Körper bei Aufnahme von Kapuziner- bzw. Gartenkressensalat per os

Heft 96:
Dr.-Ing. P. Koch, Dortmund
Austritt von Exoelektronen aus Metalloberflächen unter Berücksichtigung der Verwendung des Effektes für die Materialprüfung

Heft 97:
Ing. H. Stein, Laboratorium für textile Meßtechnik, M.-Gladbach
Untersuchung der Verzugsvorgänge an den Streckwerken verschiedener Spinnereimaschinen
2. Bericht: Ermittlung der Haft-Gleiteigenschaften von Faserbändern und Vorgarnen

Heft 98:
Fachverband Gesenkschmieden, Hagen
Die Arbeitsgenauigkeit beim Gesenkschmieden unter Hämmern

Heft 99:
Prof. Dr.-Ing. G. Garbotz, Aachen
Der Kraft- und Arbeitsaufwand sowie die Leistungen beim Biegen von Bewehrungsstählen in Abhängigkeit von den Abmessungen, den Formen und der Güte der Stähle (Ermittlung von Leistungsrichtlinien)

Heft 100:
Prof. Dr.-Ing. H. Opitz, Aachen
Untersuchungen von elektrischen Antrieben, Steuerungen und Regelungen an Werkzeugmaschinen

Heft 101:
Prof. Dr.-Ing. H. Opitz, Aachen
Wirtschaftlichkeitsbetrachtungen beim Außenrundschleifen

Heft 102:
Dr. P. Hölemann, Ing. R. Hasselmann und Ing. G. Dix, Dortmund
Untersuchungen über die thermische Zündung von explosiblen Acetylenzersetzungen in Kapillaren

Heft 103:
Prof. Dr. W. Weizel, Bonn
Durchführung von experimentellen Untersuchungen über den zeitlichen Ablauf von Funken in komprimierten Edelgasen sowie zu deren mathematischen Berechnung

Heft 104:
Prof. Dr. W. Weizel, Bonn
Über den Einfluß der Elektroden auf die Eigenschaften von Cadmium-Sulfid-Widerstands-Photozellen

Heft 105:
Dr.-Ing. R. Meldau, Harsewinkel/Westf.
Auswertung von Gekörn — Analysen des Musterstaubes „Flugasche Fortuna I"

Heft 106:
ORR. Dr.-Ing. W. Küch, Dortmund
Untersuchungen über die Einwirkung von feuchtigkeitsgesättigter Luft auf die Festigkeit von Leimverbindungen

Heft 107:
Prof. Dr. H. Lange und Dipl.-Phys. P. St. Pütter, Köln
Über die Konstruktion von Laboratoriumsmagneten

Heft 108:
Prof. Dr. W. Fuchs, Aachen
Untersuchungen über neue Beizmethoden und Beizabwässer
I. Die Entzunderung von Drähten mit Natriumhydrid
II. Die Aufbereitung von Beizabwässern

Heft 109:
Dr. P. Hölemann und Ing. R. Hasselmann, Dortmund
Untersuchungen über die Löslichkeit von Azetylen in verschiedenen organischen Lösungsmittel

Heft 110:
Dr. P. Hölemann und Ing. R. Hasselmann, Dortmund
Untersuchungen über den Druckverlauf bei der explosiblen Zersetzung von gasförmigem Azetylen

Heft 111:
Fachverband Steinzeugindustrie, Köln
Die Entwicklung eines Gerätes zur Beschickung seitlicher Feuer von Steinzeug-Einzelkammeröfen mit festen Brennstoffen

Heft 112:
Prof. Dr.-Ing. H. Opitz, Aachen
Verschleißmessungen beim Drehen mit aktivierten Hartmetallwerkzeugen

Heft 113:
Prof. Dr. O. Graf, Dortmund
Erforschung der geistigen Ermüdung und nervösen Belastung:
Studien über die vegetative 24-Stunden-Rhythmik in Ruhe und unter Belastung

Heft 114:
Prof. Dr. O. Graf, Dortmund
Studien über Fließarbeitsprobleme an einer praxisnahen Experimentieranlage

Heft 115:
Prof. Dr. O. Graf, Dortmund
Studium über Arbeitspausen in Betrieben bei freier und zeitgebundener Arbeit (Fließarbeit) und ihre Auswirkung auf die Leistungsfähigkeit

Heft 116:
Prof. Dr.-Ing. E. Siebel und Dr.-Ing. H. Weiss, Stuttgart
Untersuchungen an einigen Problemen des Tiefziehens — I. Teil

Heft 117:
Dr.-Ing. H. Beißwänger, Stuttgart, und Dr.-Ing. S. Schwandt, Trier
Untersuchungen an einigen Problemen des Tiefziehens — II. Teil

Heft 118:
Prof. Dr. E. A. Müller und Dr. H. G. Wenzel, Dortmund
Neuartige Klima-Anlage zur Erzeugung ungleicher Luft- und Strahlungstemperaturen in einem Versuchsraum

Heft 119:
Dr.-Ing. O. Viertel, Krefeld
Wäscherei- und energietechnische Untersuchung einer Gemeinschafts-Waschanlage

Heft 120:
Dipl.-Ing. Weisbecker, Lüdenscheid
Über Anfressung an Reinstaluminium-Schweißnähten bei der elektrolytischen Oxydation
Gebr. Hörstermann GmbH., Velbert
Entwicklung und Erprobung eines neuartigen Gummibandförderers

Heft 121:
Dr. H. Krebs, Bonn
I. Die Struktur und die Eigenschaften der Halbmetalle
II. Die Bestimmung der Atomverteilung in amorphen Substanzen
III. Die chemische Bindung in anorganischen Festkörpern und das Entstehen metallischer Eigenschaften

Heft 122:
Prof. Dr. W. Fuchs, Aachen
Untersuchungen zur Verbesserung der Wasseraufbereitung und Wasseranalyse:
Über die Schnellbewertung von Ionenaustauscher

Heft 123:
Dipl.-Ing. J. Emondts, Aachen
Über Bodenverformungen bei stark gestörtem und mächtigem, wasserführendem Deckgebirge im Aachener Steinkohlengebiet

Heft 124:
Prof. Dr. R. Seÿffert, Köln
Wege und Kosten der Distribution der Hausratwaren im Lande Nordrhein-Westfalen

Heft 125:
Prof. Dr. E. Kappler, Münster
Eine neue Methode zur Bestimmung von Kondensations-Koeffizienten von Wasser

Heft 126:
Prof. Dr.-Ing. J. Mathieu, Aachen
Arbeitszeitvergleich
Grundlagen, Methodik und praktische Durchführung

Heft 127:
Güteschutz Betonstein e. V.,
Arbeitskreis Nordrhein-Westfalen, Dortmund
Die Betonwaren-Gütesicherung im Lande Nordrhein-Westfalen

Heft 128:
Prof. Dr. O. Schmitz-DuMont, Bonn
Untersuchungen über Reaktionen in flüssigem Ammoniak

Heft 129:
Prof. Dr.-Ing. J. Mathieu und Dr. C. A. Roos, Aachen
Die Anlernung von Industriearbeitern
I. Ergebnisse einer grundsätzlichen Untersuchung der gegenwärtigen Industriearbeiter-Kurzanlernung

Heft 130:
Prof.-Dr.-Ing. J. Mathieu und Dr. C. A. Roos, Aachen
Die Anlernung von Industriearbeitern
II. Beiträge zur Methodenfrage der Kurzanlernung

Heft 131:
Dr. W. Hoerburger, Köln
Versuche zur Biosynthese von Eiweiß aus Kohlenwasserstoff

Heft 132:
Prof. Dr. W. Seith, Münster
Über Diffusionserscheinungen in festen Metallen

Heft 133:
Prof. Dr. E. Jenckel, Aachen
Über einen für Schwermetalle selektiven Ionenaustauscher

Heft 134:
Prof. Dr.-Ing. H. Winterhager, Aachen
Über die elektrochemischen Grundlagen der Schmelzfluß-Elektrolyse von Bleisulfid in geschmolzenen Mischungen mit Bleichlorid

Heft 135:
Prof. Dr.-Ing. K. Krekeler und Dr.-Ing. H. Peukert, Aachen
Die Änderung der mechanischen Eigenschaften thermoplastischer Kunststoffe durch Warmrecken

Heft 136:
Dipl.-Phys. P. Pilz, Remscheid
Über spezielle Probleme der Zerkleinerungstechnik von Weichstoffen

Heft 137:
Prof. Dr. W. Baumeister, Münster
Beiträge zur Mineralstoffernährung der Pflanzen

Heft 138:
Dr. P. Hölemann und Ing. R. Hasselmann, Dortmund
Untersuchungen über die Zersetzungswärme von gasförmigem und in Azeton gelöstem Azetylen

Heft 139:
Prof. Dr. W. Fuchs, Aachen
Studien über die thermische Zersetzung der Kohle und die Kohlendestillatprodukte

Heft 140:
Dr.-Ing. G. Hausberg, Essen
Modellversuche an Zyklonen

Heft 141:
Dr. J. van Calker und Dr. R. Wienecke, Münster
Untersuchungen über den Einfluß dritter Analysenpartner auf die spektrochemische Analyse

Heft 142:
Dipl.-Ing. G. M. F. Wiebel, Hannover, A. Konermann und A. Ottenheym, Sennelager
Entwicklung eines Kalksandleichtsteines

Heft 143:
Prof. Dr. F. Wever, Dr. A. Rose und Dipl.-Ing. W. Straßburg, Düsseldorf
Härtbarkeit und Umwandlungsverhalten der Stähle

Heft 144:
Prof. Dr. H. Wurmbach, Bonn
Steuerung von Wachstum und Formbildung

Heft 145:
Dr. G. Hennemann, Werdohl (Westf.)
Beitrag zur Interpretation der modernen Atomphysik

Heft 146:
Dr.-Ing. F. Gruß, Düsseldorf
Sterilisation mit Heißluft

Heft 147:
Dr.-Ing. W. Rudisch, Unna
Untersuchung einer drehelastischen Elektromagnet-Synchronkupplung

Heft 148:
Prof. Dr. H. Bittel und Dipl.-Phys. L. Storm, Münster
Untersuchungen über Widerstandsrauschen

Heft 149:
Dipl.-Ing. K. Konopicky und Dipl.-Chem. P. Kampa, Bonn
I. Beitrag zur flammenphotometrischen Bestimmung des Calciums
Dr.-Ing. K. Konopicky, Bonn
II. Die Wanderung von Schlackenbestandteilen in feuerfesten Baustoffen

Heft 150:
Prof. Dr.-Ing. O. Kienzle und Dipl.-Ing. W. Timmerbeil, Hannover
Das Durchziehen enger Kragen an ebenen Fein- und Mittelblechen

Heft 151:
Dipl.-Ing. P. Karabasch, Aachen
Feststellung des optimalen Gasgehaltes von Bronzen zur Erzielung druckdichter Gußstücke

Heft 152:
Dipl.-Ing. G. Müller, Köln
Ermittlung der Laufeigenschaften (Vergießbarkeit) von Bronze und Rotguß mittels der Schneider-Gießspirale

Heft 153:
Prof. Dr. F. Wever, Dr.-Ing. W. A. Fischer und Dipl.-Ing. J. Engelbrecht, Düsseldorf
I. Die Reduktion sauerstoffhaltiger Eisenschmelzen im Hochvakuum mit Wasserstoff und Kohlenstoff
II. Einfluß geringer Sauerstoffgehalte auf das Gefüge und Alterungsverhalten von Reineisen

Heft 154:
Prof. Dr.-Ing. P. Bardenheuer und Dr.-Ing. W. A. Fischer, Düsseldorf
Die Verschlackung von Titan aus Stahlschmelzen im sauren und basischen Hochfrequenzofen unter verschiedenen Schlacken

Heft 155:
Dipl.-Phys. K. H. Schirmer, München
Die auf Grau abgestimmte Farbwiedergabe im Dreifarbenbuchdruck

Heft 156:
Prof. Dr.-Ing. B. von Borries und Mitarbeiter, Düsseldorf
Die Entwicklung regelbarer permanentmagnetischer Elektronenlinsen hoher Brechkraft und eines mit ihnen ausgerüsteten Elektronenmikroskopes neuer Bauart

Heft 157:
Dr. W. Jawtusch, Dr. G. Schuster und Prof. Dr.-Ing. R. Jaeckel, Bonn
Untersuchungen über die Stoßvorgänge zwischen neutralen Atomen und Molekülen

Heft 158:
Dipl.-Ing. W. Rosenkranz, Meinerzhagen
Ein Beitrag zum Problem der Spannungskorrosion bei Preßprofilen und Preßteilen aus Aluminium-Legierungen

Heft 159:
Dr.-Ing. O. Viertel und O. Oldenroth, Krefeld
Das Bleichen von Weißwäsche mit Wasserstoffsuperoxyd bzw. Natriumhypochlorit beim maschinellen Waschen

Heft 160:
Prof. Dr. W. Klemm, Münster
Über neue Sauerstoff- und Fluor-haltige Komplexe

Heft 161:
Prof. Dr. W. Weltzien und Dr. G. Hauschild, Krefeld
Über Silikone und ihre Anwendung in der Textilveredlung

Heft 162:
Prof. Dr. F. Wever, Prof. Dr. A. Knochendörfer und Dr.-Ing. Chr. Rohrbach, Düsseldorf
Kennzeichnung der Sprödbruchneigung von Stählen durch Messung der Fließspannung, Reißspannung und Brucheinschnürung an dreiachsig beanspruchten Proben

Heft 163:
Dipl.-Ing. W. Rohs und Text.-Ing. H. Griese, Bielefeld
Untersuchungsarbeiten zur Verbesserung des Leinenwebstuhles III

Heft 164:
Dr.-Ing. H. Schmachtenberg, Köln
Neuartige Prüfeinrichtungen für Kraftfahrzeuge

Heft 165:
Dr.-Ing. W. Wilhelm, Aachen
Instationäre Gasströmung im Auspuffsystem eines Zweitaktmotors

Heft 166:
Prof. Dr. M. von Stackelberg, Dr. H. Heindze, Dr. H. Hübschke und Dr. K. H. Frangen, Bonn
Kolloidchemische Untersuchungen

Heft 167:
Prof. Dr.-Ing. F. Schuster, Essen
I. Über die Heißkarburierung von Brenngasen mit Ölen und Teeren
II. Die Strahlungsvorgänge in brennstoffbeheizten Öfen bei verschiedenen Verbrennungsatmosphären

Heft 168:
Prof. Dr.-Ing. F. Schuster, Essen
I. Luftvorwärmung an Gasfeuerungen
II. Heizwerthöhe von Brenngasen und Wirkungsgrad sowie Gasverbrauch bei der Gasverwendung
III. Sauerstoffangereicherte Luft und feuerungstechnische Kenngrößen von Brenngasen

Heft 169:
Forschungsinstitut für Pigmente und Lacke, Stuttgart
Arbeiten über die Bestimmung des Gebrauchswertes von Lackfilmen durch physikalische Prüfungen

Heft 170:
Prof. Dr. F. Wever, Dr. A. Rose und Dipl.-Ing. L. Rademacher, Düsseldorf
Anwendung der Umwandlungsschaubilder auf Fragen der Werkstoffauswahl beim Schweißen und Flammhärten

Heft 171:
Wäschereiforschung, Krefeld
Untersuchung der Wäscheentwässerung mit Hilfe von Zentrifugen und Pressen

Heft 172:
Dipl.-Ing. W. Rohs, Dr.-Ing. G. Satlow und Text.-Ing. G. Heller, Bielefeld
Trocknung von Hanfgarnen. Kreuzspultrocknung

Heft 173:
Prof. Dr. W. Kast, Krefeld, Prof. Dr. R. Hosemann und Dipl.-Phys. G. Schoknecht, Berlin
Lichtoptische Herstellung und Diskussion der Faltungsquadrate parakristalliner Gitter

Heft 174:
Prof. Dr. W. von Fragstein, Dr. J. Meingast und H. Hoch, Köln
Herstellung von Solen einheitlicher Teilchengröße und Ermittlung ihrer optischen Eigenschaften

Heft 175:
Dr.-Ing. H. Zeller, Aachen
Beitrag zur eindimensionalen stationären und nichtstationären Gasströmung mit Reibung und Wärmeleitung insbesondere in Rohren mit unstetigen Querschnittsänderungen

Heft 176:
Dipl.-Ing. H. Schöberl, Duisburg
Über die Methoden zur Ermittlung der Verbrennungstemperatur von Brennstoffen und ein Vorschlag zu ihrer Verbesserung

Heft 177:
Dipl.-Ing. H. Stüdemann, Solingen, und Dr.-Ing. W. Müchler, Essen
Entwicklung eines Verfahrens zur zahlenmäßigen Bestimmung der Schneideigenschaften von Messerklingen

Heft 178:
Prof. Dr. M. von Stackelberg und Dr. W. Hans, Bonn
Untersuchungen zur Ausarbeitung und Verbesserung von polarographischen Analysenmethoden

Heft 179:
Dipl.-Ing. H. F. Reineke, Bochum
Entwicklungsarbeiten auf dem Gebiete der Meß- und Regeltechnik

Heft 180:
Dr.-Ing. W. Piepenburg, Dipl.-Ing. B. Bühling und Bauing. J. Behnke, Köln
Putzarbeiten im Hochbau und Versuche mit aktiviertem Mörtel und mechanischem Mörtelauftrag

Heft 181:
Prof. Dr. W. Franz, Münster
Theorie der elektrischen Leitvorgänge in Halbleitern und isolierenden Festkörpern bei hohen elektrischen Feldern

Heft 182:
Dr.-Ing. P. Schenk und Dr. K. Osterloh, Düsseldorf
Katalytisch-thermische Spaltung von gasförmigen und flüssigen Kohlenwasserstoffen zur Spitzengaserzeugung

Heft 183:
Dr. W. Bornheim, Köln
Entwicklungsarbeiten an Flaschen- und Ampullen-Behandlungsmaschinen für die pharmazeutische Industrie

Heft 184:
Dr.-Ing. E. Printz, Kettwig
Vollhydraulische Parallel-Kupplung für Ackerschlepper

Heft 185:
Dipl.-Ing. W. Rohs und Text.-Ing. G. Heller, Bielefeld
Studien an einem neuzeitlichen Kreuzspultrockner für Bastfasergarne mit Wiederbefeuchtungszone

Heft 186:
Dr. E. Wedekind, Krefeld
Untersuchungen zur Arbeitsbestgestaltung bei der Fertigstellung von Oberhemden in gewerblichen Wäschereien

Heft 187:
Dipl.-Ing. F. Göttgens, Essen
Über die Eigenarten der Bimetall-, Thermo- und Flammenionisationssicherungsmethode in ihrer Anwendung auf Zündsicherungen

Heft 188:
W. Kinnebrock, Langenberg
Der Einfluß des Austausches gleicher Gaskochbrenner bzw. Gaskochbrennerteile auf den Wirkungsgrad und insbesondere auf den CO-Gehalt der Verbrennungsgase

Heft 189:
Fa. E. Leybold's Nachfolger, Köln
I. Ausgewählte Kapitel aus der Vakuumtechnik
II. Zum Verlust anorganisch-nichtflüchtiger Substanzen während der Gefriertrocknung

Heft 190:
Prof. Dr. A. Neuhaus, Prof. Dr. O. Schmitz-DuMont und Dipl.-Chem. H. Reckhard, Bonn
Zur Kenntnis der Alkalititanate

Heft 191:
Dr.-Ing. H. Söhngen, Darmstadt
Schwingungsverhalten eines Schaufelkranzes im Vakuum

Heft 192:
Dipl.-Phys. E. M. Schneider, München
Kohlebogenlampen für Aufnahme und Kopie

Heft 193:
Prof. Dr. O. Schmitz-DuMont, Bonn
Untersuchungen über neue Pigmentfarbstoffe

Heft 194:
Dr. K. Hecht, Köln
Entwicklung neuartiger physikalischer Unterrichtsgeräte

Heft 195:
Dr.-Ing. E. Rößger, Köln
Gedanken über einen neuen deutschen Luftverkehr

Heft 196:
Dipl.-Ing. W. Rohs und Text.-Ing. H. Griese, Bielefeld
Auswirkungen von Garnfehlern bei der Verarbeitung von Leinengarnen

Heft 197:
Dr. E. Wedekind, Krefeld
Untersuchungen zur Bestimmung der optimalen Arbeitsplatzgröße bei Mehrstuhlarbeit in der Weberei

Heft 198:
Prof. Dr. J. Weissinger, Karlsruhe
Zur Aerodynamik des Ringflügels. Die Druckverteilung dünner, fast drehsymmetrischer Flügel in Unterschallströmung

VERÖFFENTLICHUNGEN DER ARBEITSGEMEINSCHAFT FÜR FORSCHUNG DES LANDES NORDRHEIN-WESTFALEN

Naturwissenschaften

Heft 1:
Prof. Dr.-Ing. F. Seewald, Aachen
Neue Entwicklungen auf dem Gebiet der Antriebsmaschinen
Prof. Dr.-Ing. F. A. F. Schmidt, Aachen
Technischer Stand und Zukunftsaussichten der Verbrennungsmaschinen, insbesondere der Gasturbinen
Dr.-Ing. R. Friedrich, Mülheim (Ruhr)
Möglichkeiten und Voraussetzungen der industriellen Verwertung der Gasturbine

Heft 2:
Prof. Dr.-Ing. W. Riezler, Bonn
Probleme der Kernphysik
Prof. Dr. Micheel, Münster
Isotope als Forschungsmittel in der Chemie und Biochemie

Heft 3:
Prof. Dr. E. Lehnartz, Münster
Der Chemismus der Muskelmaschine
Prof. Dr. G. Lehmann, Dortmund
Physiologische Forschung als Voraussetzung der Bestgestaltung der menschlichen Arbeit
Prof. Dr. H. Kraut, Dortmund
Ernährung und Leistungsfähigkeit

Heft 4:
Prof. Dr. F. Wever, Düsseldorf
Aufgaben der Eisenforschung
Prof. Dr.-Ing. H. Schenck, Aachen
Entwicklungslinien des deutschen Eisenhüttenwesens
Prof. Dr.-Ing. M. Haas, Aachen
Wirtschaftliche Bedeutung der Leichtmetalle und ihre Entwicklungsmöglichkeiten

Heft 5:
Prof. Dr. W. Kikuth, Düsseldorf
Virusforschung
Prof. Dr. R. Danneel, Bonn
Fortschritte der Krebsforschung
Prof. Dr. W. Schulemann, Bonn
Wirtschaftliche und organisatorische Gesichtspunkte für die Verbesserung unserer Hochschulforschung

Heft 6:
Prof. Dr. W. Weizel, Bonn
Die gegenwärtige Situation der Grundlagenforschung in der Physik
Prof. Dr. S. Strugger, Münster
Das Duplikantenproblem in der Biologie
Direktor Dr. F. Gummert, Essen
Überlegungen zu den Faktoren Raum und Zeit im biologischen Geschehen und Möglichkeiten einer Nutzanwendung

Heft 7:
Prof. Dr.-Ing. A. Götte, Aachen
Steinkohle als Rohstoff und Energiequelle
Prof. Dr. Dr. E. h. K. Ziegler, Mülheim/Ruhr
Über Arbeiten des Max-Planck-Institutes für Kohlenforschung

Heft 8:
Prof. Dr.-Ing. W. Fucks, Aachen
Die Naturwissenschaft, die Technik und der Mensch
Prof. Dr. W. Hoffmann, Münster
Wirtschaftliche und soziologische Probleme des technischen Fortschritts

Heft 9:
Prof. Dr.-Ing. F. Bollenrath, Aachen
Zur Entwicklung warmfester Werkstoffe
Prof. Dr. H. Kaiser, Dortmund
Stand spektralanalytischer Prüfverfahren und Folgerung für deutsche Verhältnisse

Heft 10:
Prof. Dr. H. Braun, Bonn
Möglichkeiten und Grenzen der Resistenzzüchtung
Prof. Dr.-Ing. C. H. Dencker, Bonn
Der Weg der Landwirtschaft von der Energieautarkie zur Fremdenergie

Heft 11:
Prof. Dr.-Ing. H. Opitz, Aachen
Entwicklungslinien der Fertigungstechnik in der Metallbearbeitung
Prof. Dr.-Ing. K. Krekeler, Aachen
Stand und Aussichten der schweißtechnischen Fertigungsverfahren

Heft 12:
Dr. H. Rathert, Wuppertal-Elberfeld
Entwicklung auf dem Gebiet der Chemiefaser-Herstellung
Prof. Dr. W. Weltzien, Krefeld
Rohstoff und Veredlung in der Textilwirtschaft

Heft 13:
Dr.-Ing. E. h. K. Herz, Frankfurt a. M.
Die technischen Entwicklungstendenzen im elektrischen Nachrichtenwesen
Staatssekretär Prof. L. Brandt, Düsseldorf
Navigation und Luftsicherung

Heft 14:
Prof. Dr. B. Helferich, Bonn
Stand der Enzymchemie und ihre Bedeutung
Prof. Dr. H. W. Knipping, Köln
Ausschnitt aus der klinischen Carcinomforschung am Beispiel des Lungenkrebses

Heft 15:
Prof. Dr. A. Esau, Aachen
Ortung mit elektrischen und Ultraschallwellen in Technik und Natur
Prof. Dr.-Ing. E. Flegler, Aachen
Die ferromagnetischen Werkstoffe der Elektrotechnik und ihre neueste Entwicklung

Heft 16:
Prof. Dr. R. Seyffert, Köln
Die Problematik der Distribution
Prof. Dr. Theodor Beste, Köln
Der Leistungslohn

Heft 17:
Prof. Dr.-Ing. Seewald, Aachen
Luftfahrtforschung in Deutschland und ihre Bedeutung für die allgemeine Technik
Prof. Dr.-Ing. E. Houdremont, Essen
Art und Organisation der Forschung in einem Industrieforschungsinstitut der Eisenindustrie

Heft 18:
Prof. Dr. W. Schulemann, Bonn
Theorie und Praxis pharmakologischer Forschung
Prof. Dr. W. Groth, Bonn
Technische Verfahren zur Isotopentrennung

Heft 19:
Dipl.-Ing. K. Traenckner, Essen
Entwicklungstendenzen der Gaserzeugung

Heft 20:
M. Zvegintzow, London
Wissenschaftliche Forschung und die Auswertung ihrer Ergebnisse
Ziel u. Tätigkeit der National Research Development Corporation
Dr. A. King, London
Wissenschaft und internationale Beziehungen

Heft 21:
Prof. Dr. R. Schwarz, Aachen
Wesen und Bedeutung der Silicium-Chemie
Prof. Dr. Dr. h. c. K. Alder, Köln
Fortschritte in der Synthese von Kohlenstoffverbindungen

Heft 21 a
Prof. Dr. Dr. h. c. O. Hahn, Göttingen
Die Bedeutung der Grundlagenforschung für die Wirtschaft
Prof. Dr. S. Strugger, Münster
Die Erforschung des Wasser- und Nährsalztransportes im Pflanzenkörper mit Hilfe der fluoreszenzmikroskopischen Kinematographie

Heft 22:
Prof. Dr. J. von Allesch, Göttingen
Die Bedeutung der Psychologie im öffentlichen Leben
Prof. Dr. O. Graf, Dortmund
Triebfedern menschlicher Leistung

Heft 23:
Prof. Dr. Dr. h. c. B. Kuske, Köln
Zur Problematik der wirtschaftswissenschaftlichen Raumforschung
Prof. Dr. Dr.-Ing. E. h. St. Prager, Düsseldorf
Städtebau und Landesplanung

Heft 24:
Prof. Dr. R. Danneel, Bonn
Über die Wirkungsweise der Erbfaktoren
Prof. Dr. K. Herzog, Krefeld
Bewegungsbedarf der menschlichen Gliedmaßengelenke bei der Berufsarbeit

Heft 25:
Prof. Dr. O. Haxel, Heidelberg
Energiegewinnung aus Kernprozessen
Dr.-Ing. Dr. M. Wolf, Düsseldorf
Gegenwartsprobleme der energiewirtschaftlichen Forschung

Heft 26:
Prof. Dr. F. Becker, Bonn
Ultrakurzwellenstrahlung aus dem Weltraum
Dr. H. Straßl, Bonn
Bemerkenswerte Doppelsterne und das Problem der Sternentwicklung

Heft 27:
Prof. Dr. H. Behnke, Münster
Der Strukturwandel der Mathematik in der ersten Hälfte des 20. Jahrhunderts
Prof. Dr. E. Sperner, Hamburg
Eine mathematische Analyse der Luftdruckverteilung in großen Gebieten

Heft 28:
Prof. Dr. O. Niemczyk, Aachen
Die Problematik gebirgsmechanischer Vorgänge im Steinkohlenbergbau
Prof. Dr. W. Ahrens, Krefeld
Die Bedeutung geologischer Forschung für die Wirtschaft besonders in Nordrhein-Westfalen

Heft 29:
Prof. Dr. B. Rensch, Münster
Das Problem der Residuen bei Lernleistungen
Prof. Dr. H. Fink, Köln
Über Leberschäden bei der Bestimmung des biologischen Wertes verschiedener Eiweiße von Mikroorganismen

Heft 30:
Prof. Dr.-Ing. F. Seewald, Aachen
Forschungen auf dem Gebiete der Aerodynamik
Prof. Dr.-Ing. K. Leist, Aachen
Forschungen in der Gasturbinentechnik

Heft 31:
Prof. Dr.-Ing. Dr. h. c. F. Mietzsch, Wuppertal
Chemie und wirtschaftliche Bedeutung der Sulfonamide
Prof. Dr. Dr. h. c. G. Domagk, Wuppertal
Die experimentellen Grundlagen der bakteriellen Infektionen

Heft 32:
Prof. Dr. H. Braun, Bonn
Die Verschleppung von Pflanzenkrankheiten und -schädlingen über die Welt
Prof. Dr. W. Rudorf, Voldagsen
Der Beitrag von Genetik und Züchtung zur Bekämpfung von Viruskrankheiten der Nutzpflanzen

Heft 33:
Prof. Dr.-Ing. V. Aschoff, Aachen
Probleme der elektroakustischen Einkanalübertragung
Prof. Dr.-Ing. H. Döring, Aachen
Erzeugung und Verstärkung von Mikrowellen

Heft 34:
Geheimrat Prof. Dr. Dr. R. Schenck, Aachen
Bedingungen und Gang der Kohlenhydratsynthese im Licht
Prof. Dr. E. Lehnartz, Münster
Die Endstufen des Stoffabbaues im Organismus

Heft 35:
Prof. Dr.-Ing. H. Schenck, Aachen
Gegenwartsprobleme der Eisenindustrie in Deutschland
Prof. Dr.-Ing. Piwowarsky †, Aachen
Gelöste und ungelöste Probleme im Gießereiwesen

Heft 36:
Prof. Dr. W. Riezler, Bonn
Teilchenbeschleuniger
Prof. Dr. G. Schubert, Hamburg
Anwendung neuer Strahlenquellen in der Krebstherapie

Heft 37:
Prof. Dr. F. Lotze, Münster
Probleme der Gebirgsbildung
Bergwerksdirektor Bergassessor a. D. Rauschenbach, Essen
Die Erhaltung der Förderungskapazität des Ruhrbergbaues auf lange Sicht

Heft 38:
Dr. E. C. Cherry, London
Kybernetik
Prof. Dr. E. Pietsch, Clausthal-Zellerfeld
Dokumentation und mechanisches Gedächtnis — zur Frage der Ökonomie der geistigen Arbeit

Heft 39:
Dr. H. Haase, Hamburg
Infrarot und seine technischen Anwendungen
Prof. Dr. A. Esau, Aachen
Die Bedeutung des Ultraschalls für technische Anwendungsgebiete

Heft 40:
Bergassessor F. Lange, Bochum-Hordel
Die wirtschaftliche und soziale Bedeutung der Silikose im Bergbau
Prof. Dr. W. Kikuth, Düsseldorf
Die Entstehung der Silikose und ihre Verhütungsmaßnahmen

Heft 40 a:
Prof. Dr. E. Gross, Bonn
Berufskrebs und Krebsforschung
Prof. Dr. H. W. Knipping, Köln
Die Situation der Krebsforschung vom Standpunkt der Klinik

Heft 41:
Dr.-Ing. G. V. Lachmann, Teddington
An einer neuen Entwicklungsschwelle im Flugzeugbau
Dr. A. Gerber, Zürich
Stand der Entwicklung der Raketen- und Lenktechnik

Heft 42:
Prof. Dr. T. Kraus, Köln
Lokalisationsphänomene und Raumordnung vom Standpunkt der geographischen Wissenschaft
Direktor Dr. F. Gummert, Essen
Vom Ernährungsversuchsfeld der Kohlenstoffbiologischen Forschungsstation Essen (Ein 6 Jahre lang durchgeführter Versuch, einen Menschen aus dem Ertrag von 1250 qm zu ernähren)

Heft 42 a:
Prof. Dr. Dr. h. c. G. Domagk, Wuppertal
Fortschritte auf dem Gebiet der experimentellen Krebsforschung

Heft 43:
Prof. G. Lampariello, Rom
Über Leben und Werk von Heinrich Hertz
Prof. Dr. W. Weizel, Bonn
Über das Problem der Kausalität in der Physik

Heft 43 a:
Prof. Dr. J. Mª Albareda, Madrid
Die Entwicklung der Forschung in Spanien

Heft 44:
Prof. Dr. B. Helferich, Bonn
Über Glykose
Prof. Dr. F. Micheel, Münster
Kohlenhydrat-Eiweiß-Verbindungen und ihre bio-chemische Bedeutung

Heft 45:
Prof. Dr. J. von Neumann, Princeton/USA
Entwicklung und Ausnutzung neuerer mathematischer Maschinen
Prof. Dr. E. Stiefel, Zürich
Rechenautomaten im Dienste der Technik mit Beispielen aus dem Züricher Institut für angewandte Mathematik

Heft 46:
Prof. Dr. W. Weltzien, Krefeld
Ausblick auf die Entwicklung synthetischer Fasern
Prof. Dr. W. Hoffmann, Münster
Wachstumsformen der Industriewirtschaft

Heft 47:
Staatssekretär Prof. L. Brandt, Düsseldorf
Die praktische Förderung der Forschung in Nordrhein-Westfalen
Prof. Dr. L. Raiser, Bad Godesberg
Die Förderung der angewandten Forschung durch die Deutsche Forschungsgemeinschaft

Heft 48:
Dr. H. Tromp, Rom
Bestandsaufnahme der Wälder der Welt als internationale und wissenschaftliche Aufgabe
Prof. Dr. F. Heske, Schloß Reinbek
Die Wohlfahrtswirkungen des Waldes als internationales Problem

Heft 49:
Präsident Dr. G. Böhnecke, Hamburg
Zeitfragen der Ozeanographie
Reg.-Direktor Dr. H. Gabler, Hamburg
Nautische Technik und Schiffssicherheit

Heft 50:
Prof. Dr.-Ing. F. A. F. Schmidt, Aachen
Probleme der Selbstentzündung und Verbrennung bei der Entwicklung der Hochleistungskraftmaschinen
Prof. Dr.-Ing. A. W. Quick, Aachen
Ein Verfahren zur Untersuchung des Austauschvorganges in verwirbelten Strömungen hinter Körpern mit abgelöster Strömung

Heft 51:
Prof. Dr. S. Strugger, Münster
Struktur, Entwicklungsgeschichte und Physiologie der Chloroplasten
Direktor Dr. J. Pätzold, Erlangen
Therapeutische Anwendung mechanischer und elektrischer Energie

VERÖFFENTLICHUNGEN DER ARBEITSGEMEINSCHAFT FÜR FORSCHUNG DES LANDES NORDRHEIN-WESTFALEN

Geisteswissenschaften

Heft 1:
Prof. Dr. W. Richter, Bonn
Die Bedeutung der Geisteswissenschaften für die Bildung unserer Zeit
Prof. Dr. J. Ritter, Münster
Die aristotelische Lehre vom Ursprung und Sinn der Theorie

Heft 2:
Prof. Dr. J. Kroll, Köln
Elysium
Prof. Dr. G. Jachmann, Köln
Die vierte Ekloge Vergils

Heft 3:
Prof. Dr. H. Stier, Münster
Die klassische Demokratie

Heft 4:
Prof. Dr. W. Caskel, Köln
Lihyan und Lihyanisch, Sprache und Kultur eines früharabischen Königreiches

Heft 5:
Prof. Dr. T. Ohm, Münster
Stammesreligionen im südlichen Tanganyika-Territorium

Heft 6:
Prälat Prof. Dr. Dr. h. c. G. Schreiber, Münster
Deutsche Wissenschaftspolitik von Bismarck bis zum Atomwissenschaftler Otto Hahn

Heft 7:
Prof. Dr. W. Holtzmann, Bonn
Das mittelalterliche Imperium und die werdenden Nationen

Heft 8:
Prof. Dr. W. Caskel, Köln
Die Bedeutung der Beduinen in der Geschichte der Araber

Heft 9:
Prälat Prof. Dr. Dr. h. c. G. Schreiber, Münster
Iroschottische Motive im abendländischen Sakralraum

Heft 10:
Prof. Dr. P. Rassow
Forschungen zur Reichsidee im 16. und 17. Jahrhundert

Heft 11:
Prof. Dr. H. E. Stier, Münster
Roms Aufstieg zur Weltherrschaft

Heft 12:
Prof. D. K. Rengstorf, Münster
Mann und Frau im Urchristentum
Prof. Dr. H. Conrad, Bonn
Grundprobleme einer Reform des Familienrechts

Heft 13:
Prof. Dr. M. Braubach, Bonn
Der Weg zum 20. Juli 1944 — Ein Forschungsbericht

Heft 14:
Prof. Dr. P. Hübinger, Münster
Das deutsch-französische Verhältnis und seine mittelalterlichen Grundlagen

Heft 15:
Prof. Dr. F. Steinbach, Bonn
Der geschichtliche Weg des wirtschaftenden Menschen in die soziale Freiheit und politische Verantwortung

Heft 16:
Prof. Dr. J. Koch, Köln
Die Ars coniecturalis des Nikolaus von Cues

Heft 17:
Prof. Dr. J. Conant, US-Hochkommissar für Deutschland
Staatsbürger und Wissenschaftler
Prof. D. K. H. Rengstorf, Münster
Antike und Christentum

Heft 18:
Prof. Dr. R. Alewyn, Köln
Klopstocks Publikum

Heft 19:
Prof. Dr. F. Schalk, Köln
Das Lächerliche in der französischen Literatur des Ancien Régime

Heft 20:
Prof. Dr. L. Raiser, Bad Godesberg
Rechtsfragen der Mitbestimmung

Heft 21:
Prof. D. M. Noth, Bonn
Das Geschichtsverständnis der alttestamentlichen Apokalyptik

Heft 22:
Prof. Dr. W. F. Schirmer, Bonn
Glück und Ende des Königs in Shakespeares Historien
Prof. Dr. G. Jachmann, Köln
Der homerische Schiffskatalog und die Ilias

Heft 23:

Heft 24:
Prof. Dr. T. Klauser, Bonn
Die römischen Petrustraditionen im Lichte der neuen Ausgrabungen unter der Peterskirche

Heft 25:
Prof. Dr. H. Peters, Köln
Die Gewaltentrennung in moderner Sicht

Heft 26:
Prof. Dr. F. Schalk, Köln
Calderon und die Mythologie

Heft 27:
Prof. Dr. J. Kroll, Köln
Vom Leben geflügelter Worte

Heft 28:
Prof. Dr. T. Ohm, Münster
Die Religionen in Asien

Heft 29:
Prof. Dr. L. Weisgerber, Bonn
Die Ordnung der Sprache im persönlichen und öffentlichen Leben

Heft 30:
Prof. Dr. W. Caskel, Köln
Entdeckungen in Arabien

Heft 31:
Prof. Dr. M. Braubach, Bonn
Entstehung und Entwicklung der landesgeschichtlichen Bestrebungen und historischen Vereine im Rheinland

Heft 32:
Prof. Dr. F. Schalk, Köln
Somnium und verwandte Wörter in den romanischen Sprachen

Heft 33:
Prof. Dr. F. Dessauer, Frankfurt a. M.
Erbe und Zukunft des Abendlandes

Heft 34:
Prof. Dr. T. Ohm, Münster
Ruhe und Frömmigkeit

Heft 35:
Prof. Dr. H. Conrad, Bonn
Die mittelalterliche Besiedlung des deutschen Ostens und das deutsche Recht

Heft 36:
Prof. Dr. H. Sckommodau, Köln
Die religiösen Dichtungen Margaretes von Navarra

Heft 37:
Prof. Dr. H. von Einem, Bonn
Der Kopf mit der Binde des Meisters von Naumburg

Heft 38:
Prof. Dr. J. Höffner, Münster
Statik und Dynamik in der scholastischen Wirtschaftsethik

Heft 39:
Prof. Dr. F. Schalk, Köln
Diderots Essai über Claudius und Nero

Heft 40:
Prof. Dr. G. Kegel, Köln
Probleme des internationalen Enteignungs- und Währungsrechts

Heft 41:
Prof. Dr. L. Weisgerber, Bonn
Die Grenzen der Schrift

Heft 42:
Prof. Dr. R. Alewyn, Köln
Von der Empfindsamkeit zur Romantik

Heft 43:
Prof. Dr. T. Schieder, Köln
Die Probleme des Rapallo-Vertrages 1922

Heft 44:
Prof. Dr. A. Rumpf, Köln
Stilphasen der spätantiken Kunst

If you have any concerns about our products,
you can contact us on
ProductSafety@springernature.com

In case Publisher is established outside the EU,
the EU authorized representative is:
**Springer Nature Customer Service Center GmbH
Europaplatz 3, 69115 Heidelberg, Germany**

Printed by Libri Plureos GmbH
in Hamburg, Germany